21世纪高等学校计算机专业实用规划教材

Python 快乐编程
网络爬虫

◎千锋教育高教产品研发部 / 编著

清华大学出版社
北 京

内 容 简 介

随着网络技术的迅速发展,万维网成为大量信息的载体,如何有效地提取并利用这些信息成为一个巨大的挑战,网络爬虫应运而生。本书介绍了如何利用 Python 3.x 来开发网络爬虫,并通过爬虫原理讲解以及 Web 前端基础知识引领读者入门,结合企业实战,让读者快速学会编写 Python 网络爬虫。

本书适用于中等水平的 Python 开发人员、高等院校及培训学校的老师和学生。通过本书的学习可以轻松领会 Python 在网络爬虫、数据挖掘领域的精髓,可胜任 Python 网络爬虫工程师的工作以及完成各种网络爬虫项目的代码编写。

本书封面贴有清华大学出版社防伪标签,无标签者不得销售。
版权所有,侵权必究。举报:010-62782989, beiqinquan@tup.tsinghua.edu.cn。

图书在版编目(CIP)数据

Python 快乐编程——网络爬虫/千锋教育高教产品研发部编著. —北京:清华大学出版社,2019(2023.9重印)
(21 世纪高等学校计算机专业实用规划教材)
ISBN 978-7-302-52912-5

Ⅰ. ①P… Ⅱ. ①千… Ⅲ. ①软件工具-程序设计-高等学校-教材 Ⅳ. ①TP311.561

中国版本图书馆 CIP 数据核字(2019)第 083534 号

责任编辑:贾 斌 李 晔
封面设计:胡耀文
责任校对:李建庄
责任印制:沈 露

出版发行:清华大学出版社
  网　　址:http://www.tup.com.cn, http://www.wqbook.com
  地　　址:北京清华大学学研大厦 A 座　　　邮　编:100084
  社 总 机:010-83470000　　　　　　　　　　邮　购:010-62786544
  投稿与读者服务:010-62776969, c-service@tup.tsinghua.edu.cn
  质量反馈:010-62772015, zhiliang@tup.tsinghua.edu.cn
  课件下载:http://www.tup.com.cn,010-83470236
印 装 者:北京嘉实印刷有限公司
经　　销:全国新华书店
开　　本:185mm×260mm　　印　张:16.5　　字　数:399 千字
版　　次:2019 年 9 月第 1 版　　　　　　　印　次:2023 年 9 月第 8 次印刷
定　　价:8001～9000
定　　价:49.80 元

产品编号:079386-01

编委会

（排名不论先后）

主　任：胡耀文　古　晔

副主任：南玉林　潘松彪

委　员：彭晓宁　印　东　邵　斌　王琦晖
　　　　贾世祥　唐新亭　慈艳柯　朱丽娟
　　　　叶培顺　杨　斐　任条娟　舒振宇

序

为什么要写这样一本书

当今的世界是知识爆炸的世界,科学技术与信息技术急速地发展,新技术层出不穷。但教科书却不能将这些知识内容随时编入,致使教科书的知识内容瞬息便会陈旧不实用,以致教材的陈旧性与滞后性尤为突出,在初学者还不会编写一行代码的情况下,就开始讲解算法,这样只会吓跑初学者,让初学者难以入门。

IT这个行业,不仅仅需要理论知识,更需要的是实用型、技术过硬、综合能力强的人才。所以,高校毕业生求职面临的第一道门槛就是技能与经验的考验。学校又往往注重学生的素质教育和理论知识,而忽略了对学生的实践能力培养。

如何解决这一问题

为了解决这一问题,本书倡导的是快乐学习,实战就业。在语言描述上力求准确、通俗、易懂,在章节编排上力求循序渐进,在语法阐述时尽量避免术语和公式,从项目开发的实际需求入手,将理论知识与实际应用相结合。目标就是让初学者能够快速成长为初级程序员,并拥有一定的项目开发经验,从而在职场中拥有一个高起点。

千锋教育

前　言

在瞬息万变的IT时代，一群怀揣梦想的人创办了千锋教育，投身到IT培训行业。七年来，一批批有志青年加入千锋教育，为了梦想笃定前行。千锋教育秉承用良心做教育的理念，为培养"顶级IT精英"而付出一切努力，为什么会有这样的梦想，我们先来听一听用人企业和求职者的心声：

"现在符合企业需求的IT技术人才非常紧缺，对这方面的优秀人才我们会像珍宝一样对待，可为什么至今没有合格的人才出现呢？"

"面试的时候，用人企业问能做什么，这个项目如何来实现，需要多长的时间，我们当时都蒙了回答不上来。"

"这已经是面试过的第十家公司了，如果再不行的话，是不是要考虑转行了，难道大学里的四年都白学了？"

"这已经是参加面试的N个求职者了，为什么都是计算机专业，当问到项目如何实现，怎么连思路都没有呢？"

这些心声并不是个别现象，而是社会反映出的一种普遍现象。高校的IT教育与企业的真实需求存在脱节，如果高校的相关课程仍然不进行更新的话，毕业生将面临难以就业的困境，很多用人单位表示，高校毕业生表象上知识丰富，但绝大多数在实际工作中用之甚少，甚至完全用不上高校学习阶段所学知识。针对上述存在的问题，国务院也作出了关于加快发展现代职业教育的决定。很庆幸，千锋所做的事情就是配合高校达成产学合作。

千锋教育致力于打造IT职业教育全产业链人才服务平台，全国数十家分校，数百名讲师团坚持以教学为本的方针，全国采用面对面教学，传授企业实用技能，教学大纲实时紧跟企业需求，拥有全国一体化就业体系。千锋的价值观是"做真实的自己，用良心做教育"。

针对高校教师的服务：

（1）千锋教育基于近七年的教育培训经验，精心设计了包含"教材＋授课资源＋考试系统＋测试题＋辅助案例"的教学资源包，节约教师的备课时间，缓解教师的教学压力，显著提高教学质量。

（2）本书配套代码视频，索取网址：http://www.codingke.com/。

（3）本书配备了千锋教育优秀讲师录制的教学视频，按本书知识结构体系部署到了教学辅助平台（扣丁学堂）上，可以作为教学资源使用，也可以作为备课参考。

高校教师如需索要配套教学资源，请关注（扣丁学堂）师资服务平台，扫描下方二维码关注微信公众平台索取。

扣丁学堂

针对高校学生的服务：

（1）学 IT 有疑问，就找千问千知，它是一个有问必答的 IT 社区，平台上的专业答疑辅导老师承诺工作时间 3 小时内答复您学习 IT 中遇到的专业问题。读者也可以通过扫描下方的二维码，关注千问千知微信公众平台，浏览其他学习者在学习中分享的问题和收获。

（2）学习太枯燥，想了解其他学校的伙伴都是怎样学习的？你可以加入扣丁俱乐部。"扣丁俱乐部"是千锋教育联合各大校园发起的公益计划，专门面向对 IT 有兴趣的大学生提供免费的学习资源和问答服务，已有超过 30 多万名学习者获益。

就业难，难就业，千锋教育让就业不再难！

千问千知

关于本教材

本书既可作为高等院校本、专科计算机相关专业学习 Python 爬虫技术的教材，也可作为计算机 Python 爬虫的培训教材，其中包含了千锋教育 Python 爬虫课程的精彩内容，是一本适合广大计算机编程爱好者的优秀读物。

千 锋 学 科

HTML5 前端开发、Java EE 分布式开发、Python 全栈＋人工智能、全链路 UI/UE 设计、智能物联网＋嵌入式、360 网络安全学院、大数据＋人工智能培训、全栈软件测试、PHP 全栈＋服务器集群、云计算＋信息安全、Unity 游戏开发、区块链。

千 锋 校 区

北京｜大连｜广州｜成都｜杭州｜长沙｜哈尔滨｜南京｜上海｜深圳｜武汉｜郑州｜西安｜青岛｜重庆｜太原

抢 红 包

本书配套源代码、习题答案的获取方法：添加小千 QQ 号或微信号 2133320438。

注意！小千会随时发放"助学金红包"。

致 谢

本教材由千锋教育高教产品研发团队组织编写,大家在这近一年里翻阅了大量 Python 爬虫图书,并从中找出它们的不足,通过反复修改最终完成了这本著作。另外,多名院校老师也参与了教材的部分编写与指导工作,除此之外,千锋教育 500 多名学员也参与到了教材的试读工作中,他们站在初学者的角度对教材提供了许多宝贵的修改意见,在此一并表示衷心的感谢。

意 见 反 馈

在本书的编写过程中,虽然力求完美,但难免有一些不足之处,欢迎各界专家和读者朋友们提出宝贵意见,联系方式:huyaowen@1000phone.com。

千锋教育高教产品研发部

2019 年 6 月于北京

目　　录

第 1 章　Python 网络爬虫入门 ··· 1
1.1　所需技能与 Python 版本 ·· 1
1.1.1　所需技术能力 ·· 1
1.1.2　选择 Python 的原因 ··· 1
1.1.3　选择 Python 3.x 的原因 ·· 2
1.2　初识网络爬虫 ·· 2
1.2.1　网络爬虫的概念 ·· 2
1.2.2　网络爬虫的应用 ·· 3
1.2.3　Robots 协议 ··· 3
1.3　搜索引擎核心 ·· 5
1.4　快速爬取网页示例 ·· 6
1.5　本章小结 ·· 7
1.6　习题 ·· 7

第 2 章　爬虫基础知识 ·· 9
2.1　Cookie 的使用 ·· 9
2.1.1　Cookie 的概念 ··· 9
2.1.2　使用 Cookiejar 处理 Cookie ·· 10
2.2　正则表达式 ·· 14
2.2.1　正则表达式的概念 ·· 14
2.2.2　正则表达式详解 ·· 14
2.3　标记语言 ·· 20
2.4　XPath ··· 23
2.5　JSON ··· 25
2.6　BeautifulSoup ·· 26
2.6.1　安装 BeautifulSoup ··· 26
2.6.2　BeautifulSoup 的使用 ··· 26
2.7　本章小结 ·· 29
2.8　习题 ·· 29

第 3 章　urllib 与 requests ……………………………………………… 31

3.1　urllib 库 …………………………………………………………… 31
3.1.1　urllib 库的概念 …………………………………………… 31
3.1.2　urllib 库的使用 …………………………………………… 31
3.2　设置 HTTP 请求方法 …………………………………………… 36
3.2.1　GET 请求实战 …………………………………………… 37
3.2.2　设置代理服务 …………………………………………… 39
3.3　异常处理 ………………………………………………………… 41
3.3.1　URLError 异常处理 ……………………………………… 41
3.3.2　HTTPError 异常处理 …………………………………… 43
3.4　requests 库 ……………………………………………………… 45
3.4.1　安装 requests 库 ………………………………………… 46
3.4.2　发送请求 ………………………………………………… 46
3.4.3　响应接收 ………………………………………………… 48
3.4.4　会话对象 ………………………………………………… 50
3.5　本章小结 ………………………………………………………… 50
3.6　习题 ……………………………………………………………… 51

第 4 章　网络爬虫实例 …………………………………………………… 52

4.1　图片爬虫实例 …………………………………………………… 52
4.2　链接爬虫实例 …………………………………………………… 56
4.3　文字爬虫实例 …………………………………………………… 58
4.4　微信文章爬虫 …………………………………………………… 60
4.5　多线程爬虫及实例 ……………………………………………… 66
4.6　本章小结 ………………………………………………………… 69
4.7　习题 ……………………………………………………………… 70

第 5 章　数据处理 ………………………………………………………… 71

5.1　存储 HTML 正文内容 …………………………………………… 71
5.1.1　存储为 JSON 格式 ……………………………………… 71
5.1.2　存储为 CSV 格式 ……………………………………… 76
5.2　存储媒体文件 …………………………………………………… 78
5.3　Email 提醒 ……………………………………………………… 80
5.4　pymysql 模块 …………………………………………………… 81
5.5　本章小结 ………………………………………………………… 84
5.6　习题 ……………………………………………………………… 84

第 6 章 数据库存储 ·········· 86

6.1 SQLite ·········· 86
6.1.1 SQLite 介绍 ·········· 86
6.1.2 安装 SQLite ·········· 86
6.1.3 Python 与 SQLite ·········· 87
6.1.4 创建 SQLite 表 ·········· 88
6.1.5 添加 SQLite 表记录 ·········· 89
6.1.6 查询 SQLite 表记录 ·········· 89
6.1.7 更新 SQLite 表记录 ·········· 90
6.1.8 删除 SQLite 表记录 ·········· 91

6.2 MongoDB ·········· 91
6.2.1 MongoDB 简介 ·········· 92
6.2.2 MongoDB 适用场景 ·········· 92
6.2.3 MongoDB 的安装 ·········· 92
6.2.4 MongoDB 基础 ·········· 97
6.2.5 在 Python 中操作 MongoDB ·········· 102

6.3 Redis ·········· 105
6.3.1 Redis 简介 ·········· 106
6.3.2 Redis 适用场景 ·········· 106
6.3.3 Redis 的安装 ·········· 106
6.3.4 Redis 数据类型与操作 ·········· 108
6.3.5 在 Python 中操作 Redis ·········· 111

6.4 本章小结 ·········· 116
6.5 习题 ·········· 116

第 7 章 抓取动态网页内容 ·········· 118

7.1 JavaScript 简介 ·········· 118
7.1.1 JS 语言特性 ·········· 118
7.1.2 JS 简单示例 ·········· 119
7.1.3 JavaScript 库 ·········· 121
7.1.4 Ajax 简介 ·········· 121

7.2 爬取动态网页的工具 ·········· 122
7.2.1 Selenium 库 ·········· 122
7.2.2 PhantomJS 浏览器 ·········· 123
7.2.3 Firefox 的 headless 模式 ·········· 125
7.2.4 Selenium 的选择器 ·········· 126
7.2.5 Selenium 等待方式 ·········· 128
7.2.6 客户端重定向 ·········· 130

7.3 爬取动态网页实例 ··············· 132
7.4 本章小结 ····················· 137
7.5 习题 ······················· 137

第 8 章 浏览器伪装与定向爬取 ······· 139

8.1 浏览器伪装介绍 ················ 139
  8.1.1 抓包工具 Fiddler ············· 139
  8.1.2 浏览器伪装过程分析 ··········· 144
  8.1.3 浏览器伪装技术实战 ··········· 146
8.2 定向爬虫 ···················· 151
  8.2.1 定向爬虫分析 ············· 151
  8.2.2 定向爬虫实战 ············· 152
8.3 本章小结 ···················· 154
8.4 习题 ······················ 154

第 9 章 初探 Scrapy 爬虫框架 ········ 156

9.1 了解爬虫框架 ·················· 156
  9.1.1 初识 Scrapy 框架 ············ 156
  9.1.2 初识 Crawley 框架 ··········· 156
  9.1.3 初识 Portia 框架 ············ 157
  9.1.4 初识 Newspaper 框架 ·········· 159
9.2 Scrapy 介绍 ··················· 160
  9.2.1 安装 Scrapy ··············· 160
  9.2.2 Scrapy 程序管理 ············ 164
  9.2.3 Scrapy 项目的目录结构 ········ 165
9.3 常用命令 ···················· 166
  9.3.1 Scrapy 全局命令 ············ 166
  9.3.2 Scrapy 项目命令 ············ 172
  9.3.3 Scrapy 的 Item 对象 ·········· 177
9.4 编写 Spider 程序 ················ 179
  9.4.1 初识 Spider ·············· 179
  9.4.2 Spider 文件参数传递 ·········· 180
9.5 Spider 反爬虫机制 ··············· 181
9.6 本章小结 ···················· 184
9.7 习题 ······················ 184

第 10 章 深入 Scrapy 爬虫框架 ······· 185

10.1 Scrapy 核心架构 ··············· 185
10.2 Scrapy 组件详解 ··············· 186

10.3 Scrapy 数据处理 ……………………………………………………………………… 186
　　10.3.1 Scrapy 数据输出 ……………………………………………………… 186
　　10.3.2 Scrapy 数据存储 ……………………………………………………… 188
10.4 Scrapy 自动化爬取 …………………………………………………………………… 189
　　10.4.1 创建项目并编写 items.py …………………………………………… 189
　　10.4.2 编写 pipelines.py ……………………………………………………… 190
　　10.4.3 修改 settings.py ……………………………………………………… 190
　　10.4.4 编写爬虫文件 …………………………………………………………… 191
　　10.4.5 执行自动化爬虫 ………………………………………………………… 195
10.5 CrawlSpider ……………………………………………………………………………… 196
　　10.5.1 创建 CrawlSpider …………………………………………………… 197
　　10.5.2 LinkExtractor ………………………………………………………… 198
　　10.5.3 CrawlSpider 部分源代码分析 ……………………………………… 198
　　10.5.4 实例 CrawlSpider …………………………………………………… 199
10.6 本章小结 ……………………………………………………………………………… 201
10.7 习题 …………………………………………………………………………………… 202

第 11 章　Scrapy 实战项目 ……………………………………………………………… 203

11.1 文章类项目 …………………………………………………………………………… 203
　　11.1.1 需求分析 ………………………………………………………………… 203
　　11.1.2 实现思路 ………………………………………………………………… 203
　　11.1.3 程序设计 ………………………………………………………………… 203
　　11.1.4 请求分析 ………………………………………………………………… 207
　　11.1.5 循环网址 ………………………………………………………………… 210
　　11.1.6 爬虫运行 ………………………………………………………………… 211
11.2 图片类项目 …………………………………………………………………………… 214
　　11.2.1 需求分析 ………………………………………………………………… 214
　　11.2.2 实现思路 ………………………………………………………………… 214
　　11.2.3 程序设计 ………………………………………………………………… 214
　　11.2.4 项目实现 ………………………………………………………………… 214
11.3 登录类项目 …………………………………………………………………………… 218
　　11.3.1 需求分析 ………………………………………………………………… 218
　　11.3.2 实现思路 ………………………………………………………………… 218
　　11.3.3 程序设计 ………………………………………………………………… 220
　　11.3.4 项目实现 ………………………………………………………………… 224
11.4 本章小结 ……………………………………………………………………………… 224
11.5 习题 …………………………………………………………………………………… 224

第 12 章 分布式爬虫 ··· 225

12.1 简单分布式爬虫 ··· 225
- 12.1.1 进程及进程间通信 ··· 225
- 12.1.2 简单分布式爬虫结构 ··· 230
- 12.1.3 控制节点 ··· 231
- 12.1.4 爬虫节点 ··· 231

12.2 Scrapy 与分布式爬虫 ·· 232
- 12.2.1 Scrapy 中集成 Redis ··· 232
- 12.2.2 MongoDB 集群 ·· 233

12.3 Scrapy 分布式爬虫实战 ··· 238
- 12.3.1 创建爬虫 ··· 238
- 12.3.2 定义 Item ··· 238
- 12.3.3 爬虫模块 ··· 240
- 12.3.4 编写 Pipeline ··· 242
- 12.3.5 修改 Settings ··· 243
- 12.3.6 运行项目 ··· 245

12.4 去重优化 ··· 245
12.5 本章小结 ··· 246
12.6 习题 ··· 246

第 1 章　Python 网络爬虫入门

本章学习目标
- 了解网络爬虫及其应用。
- 了解网络爬虫的结构。

在大数据时代,信息的采集是一项重要的工作,如果只靠人力采集信息,不仅低效烦琐,而且搜集成本也很高。为此,网络爬虫技术就派上了用场,在一些场景中,如搜索引擎中爬取收录站点、数据分析与挖掘中对数据采集、金融分析中对金融数据采集等,该技术都应用广泛。本章就带领大家了解网络爬虫及其应用,并了解网络爬虫的结构。

1.1　所需技能与 Python 版本

在学习 Python 网络爬虫之前,先介绍一些必备基础技能以及本书选择 Python 3.X 版本的原因。

1.1.1　所需技术能力

本书使用 Python 语言进行网络爬虫开发,首先 Python 网络爬虫开发包含的内容较多,需要开发人员具备以下技术能力:
(1) 熟悉 Python 基础。
(2) 对计算机网络有一定的了解(本书也有相应的讲解)。
(3) 至少熟悉一种 Python 网络爬虫框架(本书有详细讲解)。
(4) 熟悉数据库、缓存、消息队列等技术的使用。
(5) 对 HTML、CSS、JavaScript 有一定的了解。
(6) 至少熟悉一种 IDE(本书使用 PyCharm)。

以上是在学习 Python 网络爬虫开发之前所应具备的一些技术能力,其中部分内容在本书中有所涉及,但大部分内容还是需要大家事先了解并掌握。

需要注意的是,本书在安装第三方库和框架时,大部分都是在 DOS 命令行窗口中完成的,在 PyCharm 中的安装较为简单,因此不做详细讲解。

1.1.2　选择 Python 的原因

目前可以选择多种语言进行网络爬虫开发,如 Python、PHP、C♯等,本书选择 Python 有以下原因:
(1) Python 语言普及度越来越高。

(2) Python 有非常强大的标准库和第三方库,比如目前流行的 Scrapy 爬虫框架。
(3) Python 语言简单易学,并且发展时间比较久,非常健壮优雅。

1.1.3 选择 Python 3.x 的原因

本书编写使用最新的 Python 3.x 主要有以下几个原因:
(1) Python 2.x 已停止开发,至 2020 年终止支持。
(2) Python 中的第三方库已基本支持 Python 3.x,满足开发需求。
(3) Python 3.x 的执行效率更高。

1.2 初识网络爬虫

1.2.1 网络爬虫的概念

网络爬虫又名网络蜘蛛、网络蚂蚁、网络机器人等,顾名思义,网络爬虫可理解为在网络上的爬虫,按照一定的规则爬取有用信息并收录进数据库,该规则即网络爬虫算法。

在进行数据分析或数据挖掘时,通过网络爬虫可以根据不同需求有针对性地采集、筛选数据源。网络爬虫按照系统结构和实现技术,可以分为以下几种类型:通用网络爬虫、聚焦网络爬虫、增量式网络爬虫和深层网络爬虫等。

1. 通用网络爬虫

通用网络爬虫(General Purpose Web Crawler)又称全网爬虫,其爬取的目标资源在整个互联网中。通用网络爬虫的爬取范围和数量巨大,对爬取速度和存储空间要求较高,而对爬取页面的顺序要求相对较低。在搜索引擎和大型网络服务提供商采集数据时,通用网络爬虫有很高的应用价值。

通用网络爬虫的结构大致可以分为 URL 队列、初始 URL 集合、页面爬取模块、页面分析模块、页面数据库几个部分。通用网络爬虫在爬取时会采取一定的爬取策略,常用的爬取策略有深度优先策略和广度优先策略。

- 深度优先策略是指网络爬虫从起始页开始,依次访问下一级网页链接,处理完这条线路之后再转入下一个起始页,继续依次访问下一级网页链接。当所有链接遍历完后,爬取任务结束。深度优先策略比较适合垂直搜索或站内搜索,但爬取页面内容层次较深的站点时会造成资源的巨大浪费。
- 广度优先策略按照网页内容目录层次深浅来爬取页面。首先被爬取的是处于较浅目录层次的页面,当爬取完同一层次的网页后,爬虫继续爬取下一层。广度优先策略能够有效控制页面的爬取深度,避免遇到无穷深层分支时无法结束爬取的问题,实现方便,无须存储大量中间节点,其缺点是需较长时间才能爬取到目录层次较深的页面。

2. 聚焦网络爬虫

聚焦网络爬虫(Focused Crawler)又称主题网络爬虫,顾名思义,聚焦网络爬虫是指按照预先定义好的主题,有选择性地进行网页爬取的一种爬虫。与通用网络爬虫相比,聚焦网络爬虫只需爬取与主题相关的页面,大大节省了爬虫爬取时所需的硬件和网络资源,但聚焦网络爬虫不适合大范围爬取。

聚焦网络爬虫相比通用网络爬虫,增加了链接评价模块以及内容评价模块。内容评价模块可以评价内容的重要性,同理,链接评价模块也可以评价出链接的重要性。聚焦网络爬虫爬取策略实现的关键就是评价页面的内容和链接的重要性,不同的方法计算出的重要性不同,由此导致链接的访问顺序也不同。

3. 增量式网络爬虫

增量式网络爬虫(Incremental Web Crawler)是指对已下载网页采取增量式更新,只爬取新产生的或已经发生变化的网页,对于未发生内容变化的网页,则不会爬取。增量式网络爬虫在一定程度上能够保证所爬取的页面是尽可能新的页面。增量式网络爬虫的体系结构包含本地页面集、待爬取 URL 集、本地页面 URL 集、爬取模块、排序模块及更新模块。

4. 深层网络爬虫

在互联网中,Web 页面按存在方式可以分为表层网页和深层网页。表层网页是指不需要提交表单,使用超链接即可到达以静态网页为主构成的 Web 页面;深层页面则隐藏在表单后面,不能通过静态链接直接获取,是需要提交一定的关键词才能获得的 Web 页面。在互联网中,深层页面的数量往往比表层页面要多很多。在爬取深层页面时,最重要的部分是需要自动填写好对应的表单。

深层网络爬虫(Deep Web Crawler)体系结构由爬行控制器、解析器、表单分析器、表单处理器、响应分析器、LVS(Label Value Set)控制器等基本功能模块及 URL、LVS 列表两个爬虫内部数据结构组成。其中 LVS 表示标签/数值集合,用来表示填充表单的数据源。

深层网络爬虫的表单填写有两种类型:第一种是基于领域知识的表单填写,即建立一个填写表单的关键词库,在需要填写时,根据语义分析选择对应的关键词进行填写;第二种是基于网页结构分析的表单填写,这种填写方式一般是在领域知识有限的情况下使用,程序根据网页结构进行分析,并自动地进行表单填写。

1.2.2 网络爬虫的应用

网络爬虫的应用非常广泛,它可以进行许多自动化操作。例如,它不仅能爬取网站上的图片、文字、视频等数据,而且能分析网站的用户活跃度、发言数、点赞数、热评等信息。爬虫还可应用于其他领域(如金融投资领域),可自动爬取信息并进行精准投资分析等,如图 1.1 所示。

下面展示一些网络爬虫实际运用的场景。

常见的 BT(Bit Torrent)网站,通过爬取互联网的 DHT(Distributed Hash Table,分布式哈希表,一种分布式存储方法)网络中分享的 BT 种子信息,提供对外搜索服务。例如 http://www.btanv.com/,如图 1.2 所示。

又如一些云盘搜索网站,通过爬取用户共享出来的云盘文件数据,对文件数据进行分类划分,从而提供对外搜索服务,如 http://www.pansou.com/,如图 1.3 所示。

1.2.3 Robots 协议

Robots 协议(也被称为爬虫协议、机器人协议等)的全称是"机器人排除协议"(Robots Exclusion Protocol),网站通过 Robots 协议对搜索引擎抓取网站内容的范围作了约定,包

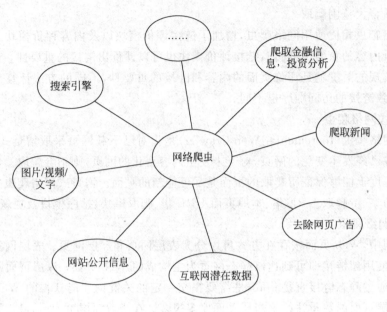

图1.1 爬虫应用

图1.2 BT蚂蚁网站首页

图1.3 盘搜网站首页

括网站是否希望被搜索引擎抓取,内容是否允许被抓取,被抓取到的公开数据是否允许被转载。

除此之外,Robots协议还可以屏蔽一些网站中较大的文件,如图片、音频、视频等,节省服务器带宽;屏蔽站点的一些死链接,方便搜索引擎抓取网站内容;设置网站地图连接,方便引导爬虫爬取页面。

robots.txt(统一小写)是一种存放于网站根目录下的以ASCII编码的文本文件,它是Robots协议的具体体现。因为一些系统中的URL对字母区分大小写,所以robots.txt的文件名应统一为小写。如果需要单独定义网络爬虫访问网站子目录时的行为,可将自定义的设置合并到根目录下的robots.txt。

Robots 的约束力仅限于自律,没有强制性,搜索引擎一般都会遵循这个协议。除 Robots 协议以外,网站管理员仍有其他方式拒绝网络爬虫对网页的获取。

当网站内容有更新时,在 robots.txt 文件中提供的 Sitemap 内容可以帮助爬虫定位网站最新的内容,而无须爬取每一个网页。比如政府网站 http://www.gov.cn/ 的 Robots 协议,如图 1.4 所示。

图 1.4 政府官网的 robots.txt

图 1.4 中几个重要信息表示如下:
- User-agent 允许的爬虫,"*"说明允许所有爬虫爬取数据。
- Allow 允许访问的目录。
- Disallow 禁止访问的目录。

1.3 搜索引擎核心

每个搜索引擎都有自己的爬虫(如 Baiduspider、360Spider、Bingbot 等),通过网络爬虫可以更深层次地理解搜索引擎内部的工作原理,从而进一步优化搜索引擎。

当用户通过门户网站检索信息时,会通过用户交互接口(相当于搜索引擎的输入框)输入关键字,输入完成后通过检索器进行分词等操作,索引器会从索引数据库(对原始数据库进行索引后将数据存储于该数据库)中获取数据进行相应的检索处理。

用户输入完对应信息后,用户的行为(比如用户的 IP 地址、Agent 类别和用户输入的关键词等)会被存储到用户日志数据库中,随后日志分析器会根据大量的用户数据去调整原始数据库和索引数据库,改变排名结果或进行其他操作。

需要注意的是,检索是一个动作,而索引是一个属性。例如商店里有大量的商品,为了能够快速地找到这些商品,需要将这些商品分为饮料类商品、电器类商品、日用品类商品、服装类商品等组别,这些商品的组名被称为索引。索引被索引器控制,索引可以大大提升查询效率。

搜索引擎的工作流程如图 1.5 所示。

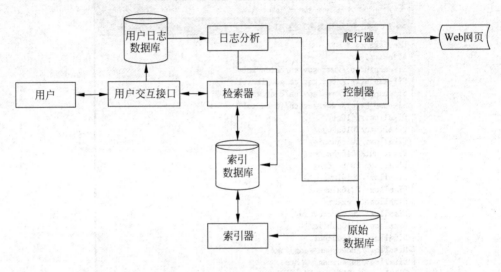

图 1.5　搜索引擎工作流程

在图 1.5 中,首先搜索引擎利用爬虫模块去爬取互联网中的网页,然后将爬取到的网页数据存储在原始数据库中。爬虫模块主要包括控制器和爬行器,控制器主要进行爬虫的控制,爬取器则负责具体的爬取任务。

1.4　快速爬取网页示例

本节为大家演示一个爬取网页的简单示例,该例使用 urllib 库快速爬取千锋教育官网 http://www.1000phone.com 上的网页,关于 urllib 库将会在以后的章节详细讲解,这里只展示它的简单用法。具体代码如例 1-1 所示。

【例 1-1】　爬取网页示例

```
1   import urllib.request  # 导入 urllib.request 模块
2   # 将响应对象赋值给变量 phone_file
3   phone_file = urllib.request.urlopen("http://www.1000phone.com")
4   # 读取所有内容,以 utf-8 方式解码
5   phone_data = phone_file.read().decode("utf-8")
6   # 只读取一行内容
7   phone_dataline = phone_file.readline()
8   # 打印所有首页内容
```

```
 9  print(phone_data)
10  #打印首页一行内容
11  print(phone_dataline)
```

运行该程序,结果如图 1.6 所示。

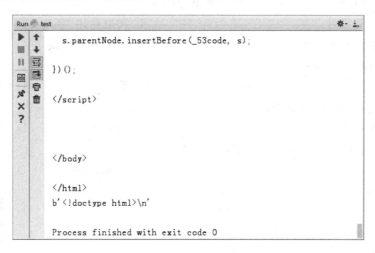

图 1.6　千锋教育首页数据

在例 1-1 中,首先导入 urllib 库中的 request 模块,接着使用该模块中的 urlopen()函数打开并爬取网页,最后使用 read()函数读取网页全部内容,或使用 readline()函数读取一行内容。

例 1-1 只是为了引起大家对爬虫的兴趣,例中提到的知识点以及爬虫模块将会在以后的章节中介绍。

1.5　本章小结

本章首先讲解了学习网络爬虫所需的基础能力以及本书选择的 Python 版本,接着讲解了网络爬虫的概念和应用,以及 Robots 协议,并简单介绍了搜索引擎的工作流程,最后编写了第一个爬取网页的程序。通过本章的学习,大家能够对爬虫的工作流程有初步的了解,为进一步学习网络爬虫打下良好的基础。

1.6　习　　题

1. 填空题

(1) 网络爬虫又被称为＿＿＿＿。

(2) 网络爬虫的实现技术分为＿＿＿＿、＿＿＿＿、＿＿＿＿和＿＿＿＿。

(3) 深层网络爬虫的表单基于＿＿＿＿、＿＿＿＿两种填写方式。

(4) 通用网络爬虫在爬取时常用的爬取策略有＿＿＿＿、＿＿＿＿。

(5) Robots 协议的具体体现是＿＿＿＿。

2. 选择题

（1）下列属于网络爬虫技术有（   ）（多选）。

    A. 全网爬虫   B. 聚焦网络爬虫

    C. 深层网络爬虫   D. 增量式网络爬虫

（2）下列选项中，（   ）不属于网络爬虫应用。

    A. 爬取图片   B. 爬取热评

    C. 去除网页广告   D. 制定网络协议

（3）网络爬虫又称网络（   ）。

    A. 猫   B. 兔子   C. 狗   D. 蜘蛛

（4）在搜索引擎中，爬虫模块主要包括（   ）（多选）。

    A. 爬行器   B. 控制器   C. 检索器   D. 索引器

（5）下列表达式中，（   ）为读取网页所有信息。

    A. reads()   B. readline()   C. readlines()   D. read()

3. 思考题

（1）简述全网爬虫中深度优先策略的爬取顺序。

（2）简述 Robots 协议的作用。

4. 编程题

编写程序爬取豆瓣网的首页信息并保存为文件 douban.html。

第 2 章 爬虫基础知识

本章学习目标
- 掌握 Cookiejar 的使用。
- 掌握正则表达式的使用。
- 掌握 XPath 的使用。
- 掌握 JSON 数据的语法。
- 掌握 BeautifulSoup 的使用。

网络爬虫可用来爬取网页内容,因此在学习爬虫的同时,需要了解 Web 前端的相关知识。本章将讲解部分 Web 前端知识和爬虫抓取数据的相关库进行讲解,大家需熟练掌握这些必备知识,为之后 Python 爬虫的学习打下良好基础。

2.1 Cookie 的使用

2.1.1 Cookie 的概念

Cookie 诞生的最初目的是为了存储 Web 中的状态信息,以便在服务器端使用。当用户访问一个互联网页面时,HTTP 无状态协议发挥着关键作用,所谓无状态协议,是指无法维持客户端与服务器端之间的会话状态。

比如,若仅仅使用 HTTP 协议登录"扣丁学堂"网站,登录成功后继续访问该网站的其他网页,则该登录状态就会消失,用户需重新登录一次,这样就大大降低了用户体验。如果将该会话信息(比如登录状态)保存下来,就可避免访问同一个网站的其他页面时重复登录。

保存客户端与服务器端的会话信息有两种常用方式:第一种是在客户端中通过 Cookie 记录会话信息,第二种是在服务器端通过 Session 记录会话信息。需要注意的是,这两种保存方式都会用到 Cookie。

使用 Cookie 保存会话信息时,会话信息会全部保存在客户端,当访问同一个网站的其他页面时,会从 Cookie 中读取对应的会话信息,用于判断当前的会话状态,比如判断当前的登录状态等。

使用 Session 保存会话信息时,会话信息会全部保存在服务器端,而服务器端会发送 SessionID 等信息给客户端,客户端收到后将该信息保存于 Cookie 中。当访问同一个网站的其他页面时,客户端根据 Cookie 中的信息从服务器中的 Session 中检索出会话信息,进而判断会话状态。

Cookie 的本质是服务器在客户端上存储的小段文本,它会随着每一个请求发送至同一服务器。服务器用 HTTP 头向客户端发送 Cookie,客户端会解析这些 Cookie 并将它们保存为一个本地文件。

Cookie 的工作方式是:服务器给每个 Session 分配一个唯一的 SessionID,并通过 Cookie 发送给客户端,当客户端发起新的请求时,将在 Cookie 头中携带这个 SessionID,服务器可据此找到这个客户端对应的 Session,如图 2.1 所示。

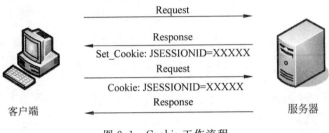

图 2.1 Cookie 工作流程

在爬虫工作过程中,如果使用 Cookie 成功登录网站,那么在爬取该网站的其他网页时,就会保持登录状态从而继续进行内容的爬取。

2.1.2 使用 Cookiejar 处理 Cookie

网站最基本的功能就是用户注册登录,对于用户而言登录后可以实现更多的功能和操作。例如,ChinaUnix.net(以下简称 CU)是一个开源技术社区论坛,用户输入正确的用户名和密码,登录成功后可以管理自己的帖子。

在 Python 3 中可使用 Cookiejar 库处理 Cookie,操作步骤如下:

- 导入 http.cookiejar 模块处理 Cookie。
- 使用 http.cookiejar.Cookie()创建 Cookiejar 对象。
- 使用 HTTPCookieProcessor 创建 cookie 处理器,并且当作参数构建 opener 对象。
- 创建全局 opener 对象。

接下来通过爬取 CU 网站的两个网页讲解 Cookiejar 处理 Cookie 的使用方法,其 CU 网站的登录地址为"http://bbs.chinaunix.net/member.php?mod=logging&action=login&logsubmit=yes",如图 2.2 所示。

值得注意的是,上面给出的登录地址仅仅是登录界面的地址,并不是提交数据的登录地址。若要获取真实的登录地址,可通过键盘上 F12 键调出网页调试界面进行分析。调出调试界面后,首先需要在登录的输入框中输入对应的用户名以及密码(本书使用的账号为 a877348180,密码为 a123456),单击"登录"按钮,同时观察调试界面中的网址,打开这些网址可以看到几乎是都使用了 GET 方法,只有一个使用了 POST 请求方法,单击观察就可以分析出处理 POST 表单的真实地址,将该网址复制出来"http://bbs.chinaunix.net/member.php?mod=logging&action=login&loginsubmit=yes&loginhash=Lw8lJ"(请注意:由于 loginhash 是随机的,开发者复制出来的链接会不同,请以实际链接为准),如图 2.3 所示。

选择查看源代码,并找到登录框对应的 HTML 代码,可以看到用户名所对应的表单 name:username,密码对应的表单 name:password,因此爬虫需要构建的数据格式如下

图 2.2 ChinaUnix 登录界面

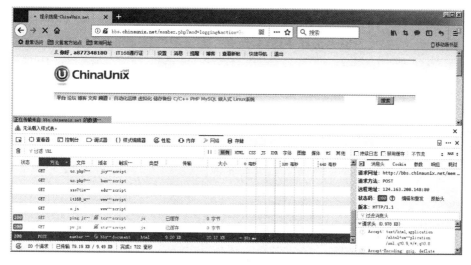

图 2.3 真实 POST 表单地址

所示：

```
{
    "username":"a877348180",
    "password":"a123456"
}
```

在实际操作时根据自己注册的账号名和密码更换即可。

接下来将通过 Cookiejar 自动处理 Cookie，实现登录 CU 网站成功后访问其他页面时也是登录状态，验证方式是爬取登录页面和另一个页面，且爬取下来的另一个页面也是登录状态,具体代码如例 2-1 所示。

【例 2-1】 Cookiejar 自动处理 Cookie。

```
1   import urllib.request
2   import urllib.parse
3   import http.cookiejar
4   login_url = "http://bbs.chinaunix.net/member.php?mod =
5       logging&action = login&loginsubmit = yes&loginhash = L768Q"
6   login_data = urllib.parse.urlencode({"username":"a877348180",
7       "password":"a123456"}).encode('utf - 8')
8   req = urllib.request.Request(login_url, login_data)
9   req.add_header("User - Agent", "Mozilla/5.0 (Windows NT 6.1; Win64; x64;
10      rv:61.0) Gecko/20100101 Firefox/61.0")
11  #cookie 处理第一步:创建 cookiejar 对象
12  cookiejar = http.cookiejar.CookieJar()
13  #第二步:以 cookie 为处理器创建 opener 对象
14  opener = urllib.request.build_opener(
15      urllib.request.HTTPCookieProcessor(cookiejar))
16  #第三步:创建全局 opener 对象
17  urllib.request.install_opener(opener)
18  wb_file = opener.open(req)
19  wb_data = wb_file.read()
20  fhandle = open("D:/spiderFile/bbs1.html","wb")
21  fhandle.write(wb_data)
22  fhandle.close()
23  wb_url2 = "http://bbs.chinaunix.net/forum - 55 - 1.html"
24  wb_data2 = urllib.request.urlopen(wb_url2).read()
25  fhandle = open("D:/spiderFile/bbs2.html","wb")
26  fhandle.write(wb_data2)
27  fhandle.close()
```

运行程序后,查看 D 盘中 spiderFile 目录下保存的本地文件,第一个文件 bbs1.html 如图 2.4 所示。

图 2.4 登录后的论坛(一)

可以看到已经登录成功,接着打开 bbs2.html,如图 2.5 所示。

图 2.5　登录后的论坛(二)

图 2.5 为爬虫爬取的 CU 网站登录后的下一个页面,该页面通过 Cookie 保存了登录状态,因此可以看到该页面也是登录状态。

例 2-1 中的代码按照 Cookiejar 库处理 Cookie 的步骤,引入 Cookiejar 库后,第 12 行代码首先创建了一个 Cookiejar 对象 cookiejar,然后第 14 行创建一个 Cookie 处理器,随后以该处理器作为参数通过 urllib.request.build_opener()创建一个 Opener 对象 opener,并使用 urllib.request.install_opener(opener)将 opener 安装为全局默认的对象,这样在使用 urlopen()方法时,也会使用安装的 Opener 对象。

需要注意的是,第 9 行和第 10 行代码中使用了 User-Agent 属性,关于该属性的知识将在后面介绍,这里只需要知道如何获取该属性值即可。例 2-1 中使用的浏览器是 Firefox 浏览器,进入网页"http://www.baidu.com"并按 F12 键打开网页调试界面,如图 2.6 所示。

图 2.6　获取 User-Agent 属性值

将调试界面切换到"网络"后，单击输入框会出现很多方法，选择其中任意一个方法将会在右侧的消息头中看到该属性及对应的值，将 User-Agent 的值放入程序中即可。

2.2 正则表达式

2.2.1 正则表达式的概念

在编写网页文件的程序时，经常会对含有复杂规则的字符串进行查询，而正则表达式就是用一些具有特殊含义的符号组合在一起来描述字符或字符串的规则。比如想要查询一个网页中所有的联系人电话号码，此时可以编写一个正则表达式来表示所有的电话号码，然后在网页中提取出所有满足该规则的字符串即可。在 Python 中，通过内嵌 re 模块来实现正则表达式的功能。

2.2.2 正则表达式详解

当想要查找网页中所有的"python"字符串时，可以使用正则表达式来匹配，但设置的规则不同，匹配出来的结果也不同。例如使用正则表达式"\w\dpython\w"匹配出来的可能是 23python8 或者 u6python_等，而使用"\bpython\b"匹配出来的则是 python。由此可见，只有掌握一些正则表达式的基础知识，才能匹配出需要的结果。本节主要从原子、元字符、模式修正符等方面介绍正则表达式的知识。

1. 原子

"原子"一词很容易联想到物理学中物质由原子组成的概念，类似的，原子是正则表达式中最基本的组成单位，但正则表达式中的原子与物理学中的原子不是一个概念。正则表达式中常见的原子有以下几类：

（1）普通字符。
（2）非打印字符。
（3）通用字符。
（4）原子表。

接下来详细介绍每个分类。

1) 普通字符作为原子

普通的字符包括数字、大小写字母、下画线等，都可以作为原子使用。例如查询"qianfeng"字符串，该字符串中每一个字母都是原子。具体代码如例 2-2 所示。

【例 2-2】 匹配普通字符串。

```
1   import re                          #正则模块
2   exam = "qianfeng"                   #字符作为原子
3   str1 = "qianfengedu"                #需要匹配的字符串
4   ret = re.search(exam,str1)          #search 函数
5   print(ret)
```

运行结果如图 2.7 所示。

以上程序导入 Python 内置的 re 正则模块，使用其中的 search()函数从字符串

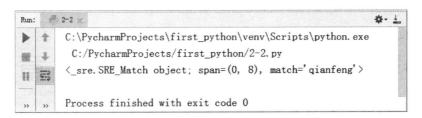

图 2.7　例 2-2 运行结果

"qianfengedu"中搜索"qianfeng"第一次出现的匹配情况,如果匹配成功,返回匹配对象,否则,返回 None。

2)非打印字符作为原子

所谓非打印字符,是一些在字符串中的格式控制符号,例如空格、回车及制表符。接下来实现一个换行符的匹配,如例 2-3 所示。

【例 2-3】　匹配换行符。

```
1  import re
2  exam = '\n'
3  str1 = '''http://www.1000phone.com
4         http://www.codingke.com'''      #str1 字符串包含换行符
5  ret = re.search(exam,str1)              #search 函数匹配正则表达式
6  print(ret)
```

运行结果如图 2.8 所示。

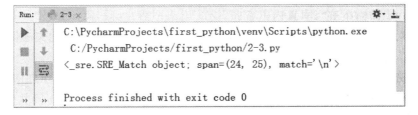

图 2.8　例 2-3 运行结果

从程序运行结果可看出,search()函数成功匹配出"\n"。

3)通用字符作为原子

通用字符即一个原子可以匹配一类字符,在实际项目中最常用的就是这类原子。例如"\w\dcodingke\w",其中\w 表示一个字母、数字或者下画线,字符前一位\d 是一个任意的十进制数[0-9],如"666codingke666""z6codingke_"都可以匹配成功,如例 2-4 所示。

【例 2-4】　使用通用字符匹配字符串。

```
1  import re
2  exam = "\w\dcodingke\w"
3  str1 = "abcdasdase1231z4codingke_asd"
4  ret = re.search(exam,str1)
5  print(ret)
```

运行结果如图2.9所示。

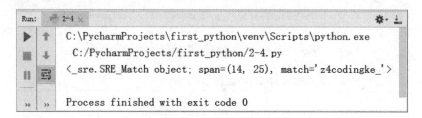

图2.9 例2-4运行结果

从程序运行结果可看出，正则表达式"\w\dcodingke\w"匹配"z4codingke_"成功。

常见的通用字符除了"\w""\d"外还包含它们的大写表示"\W"与"\D"，大写通用字符表示与小写相反的含义，例如"\w"表示匹配任意一个字母、数字或下画线，"\W"则表示除字母、数字或下画线以外的任意一个字符。

4) 原子表

Python中原子表使用[]表示，它可以定义一组地位平等的原子，匹配时会取该原子表中的任意一个原子进行匹配，例如[xyz]、[^a-zA-Z]原子表中原子地位平等，[^]代表除了原子表内的原子均可以匹配，如例2-5所示。

【例2-5】 原子表的使用。

```
1  import re
2  exam = "\w\dcodingke[xyz]\w"      #\w字母、数字、下画线,\d十进制数,含有xyz
3  exam1 = "\w\dcodingke[^xyz]"       #[^zyx]除x、y、z以外
4  exam2 = "\w\dcodingke[xyz]\W"      #\W除字母、数字、下画线外
5  str1 = "1000phone6codingke_666"
6  ret = re.search(exam,str1)
7  ret1 = re.search(exam1,str1)
8  ret2 = re.search(exam2,str1)
9  print(ret)
10 print(ret1)
11 print(ret2)
```

运行程序，结果如图2.10所示。

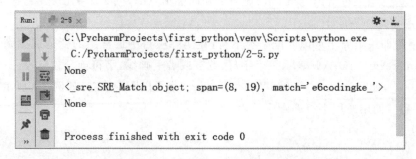

图2.10 例2-5运行结果

从程序运行结果可看出，只有ret1匹配成功。

2. 元字符

所谓元字符,就是正则表达式中具有特殊含义的字符,元字符分为任意匹配元字符、边界限制元字符、限定符、模式选择符等。

常用的元字符如表 2.1 所示。

表 2.1 常用元字符

符号	含 义
^	匹配字符串的开头
$	匹配字符串的末尾
.	匹配任意字符,除了换行符,当 re.DOTALL 标记被指定时,可以匹配包括换行符的任意字符
[…]	用来表示一组字符,单独列出:[amk]匹配'a'、'm'或'k'
[^…]	不在[]中的字符:[^abc]匹配除了 a、b、c 之外的字符
*	匹配 0 个或多个表达式
+	匹配 1 个或多个表达式
?	匹配 0 个或 1 个
{n}	精确匹配左侧紧邻的 1 个元素的 n 次表达式
{n,m}	匹配 n 到 m 次由前面的正则表达式定义的片段,贪婪方式
a|b	匹配 a 或 b
( )	匹配括号内的表达式,也表示一个组

1) 任意匹配元字符

任意匹配元字符"."可以匹配一个除换行符以外的任意字符。例如,正则表达式"codingke…"表示匹配 codingke 后面 6 位除换行符以外格式的字符,如例 2-6 所示。

【例 2-6】 任意匹配元字符的使用。

```
1   import re
2   exam = "codingke..."
3   str1 = "aaa666codingke66666666"
4   ret = re.search(exam,str1)
5   print(ret)
```

运行结果如图 2.11 所示。

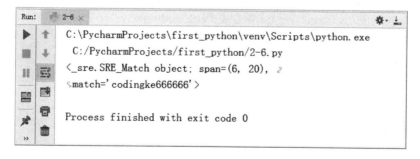

图 2.11 例 2-6 运行结果

从程序运行结果可以看到使用正则表达式"codingke…"匹配出"codingke666666"。

2)边界限制元字符

边界限制元字符使用"^"匹配字符串的开头,使用"$"匹配字符串的结束,如例 2-7 所示。

【例 2-7】 边界限制元字符的使用。

```
1  import re
2  exam1 = "^codingke"     #以 codingke 开头
3  exam2 = "^codingkee"    #以 codingkeee 开头
4  exam3 = "ke$"           #以 ke 结尾
5  exam4 = "_jy$"          #以 _jy 结尾
6  str   = "codingke_jy"
7  ret1 = re.search(exam1,str1)
8  ret2 = re.search(exam2,str1)
9  ret3 = re.search(exam3,str1)
10 ret4 = re.search(exam4,str1)
11 print(ret1)
12 print(ret2)
13 print(ret3)
14 print(ret4)
```

运行结果如图 2.12 所示。

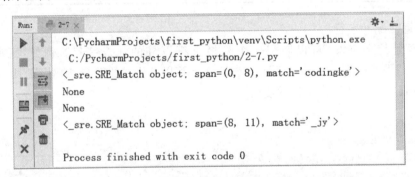

图 2.12 例 2-7 运行结果

从程序运行结果中可以看到 ret2、ret3 没有匹配出结果,ret1、ret4 匹配出结果。程序中限制了正则表达式 exam1 必须"codingke"开头,否则匹配失败。因为 str 是"codingke_jy",所以 ret1 匹配成功,exam2 表达式限制必须以"codingkeee"开头,str 字符串中没有符合条件的子字符串,故而 ret2 返回 None。

3)限定符

限定符也是常用元字符的一种,常见的限定符包括 *、?、+、{n}、{n,}、{n,m}。下面通过一个实例展示限定符的使用,具体代码如例 2-8 所示。

【例 2-8】 限定符的使用。

```
1  import re
2  exam1 = "py.*n"         #py 到 n 的任意字符且出现任意次数
3  exam2 = "cd{2}"         #d 出现 2 次
4  exam3 = "cd{3}"         #d 出现 3 次
```

```
5   exam4 = "cd{2,}"                          #d出现2次以上
6   str   = "abcdddfphp345python_py"          #原字符串是"abcdddfphp345python_py"
7   ret1 = re.search(exam1,str1)              #search函数匹配
8   ret2 = re.search(exam2,str1)
9   ret3 = re.search(exam3,str1)
10  ret4 = re.search(exam4,str1)
11  print(ret1)
12  print(ret2)
13  print(ret3)
14  print(ret4)
```

运行结果如图2.13所示。

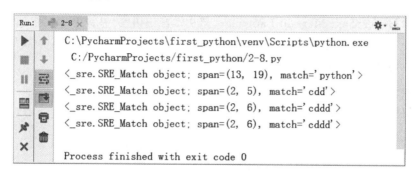

图2.13 例2-8运行结果

从程序运行结果可以看出,上述代码4个正则表达式均匹配了结果,不同的正则表达式过滤结果也不一样。在exam1中,此处设置的格式是"py"与"n"之间可以是除换行符以外的任意字符,且该任意字符可以出现0次、1次或多次,因此结果是"python"。正则表达式exam2中,规则是cd{2},字符串"cd"中的"d"要求出现2次,此时匹配出结果"cdd"。正则表达式exam4中,要求"cd"字符串中的"d"至少出现两次,因此会在原字符串中尽可能多地匹配符合要求的字符,结果是"cddd"。

4)模式选择符

使用模式选择符可以设置多个模式,匹配时可以从中选择任意一个模式匹配。例如正则表达式"python|java"中,字符串"python"和"java"均满足匹配条件,如例2-9所示。

【例2-9】 模式选择符的使用。

```
1  import re
2  exam1 = "python|java"                       #用于匹配python或java
3  str = "abcdefgpython666java"                #定义字符串
4  ret1 = re.search(exam1,str1).group()        #group()调出第一个匹配结果
5  print(ret1)
```

运行结果如图2.14所示。

从程序运行结果可以看出,该正则表达式从原字符串中匹配出结果"python"。由于"|"模式选择符,优先匹配字符串中第一个结果,在字符串"str"中,"python"存在"java"之前,因此匹配出"python"。

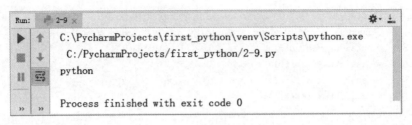

图 2.14 例 2-9 运行结果

2.3 标 记 语 言

HTML(Hyper Text Markup Language,超文本标记语言)是标准通用标记语言下的一个应用,也是一种规范和标准。通过标记符号来标记网页中需要显示的各个部分,即告知浏览器如何显示其中的内容。

HTML 的基本格式如下：

```
<!DOCTYPE html>
<html lang="en">
<head>
    <!-- 此处编写标题、导航、登录等内容 -->
    <meta>
</head>
<body>
    <!-- 此处编写网页的主体内容 -->
</body>
</html>
```

- <html>内容</html>：HTML 文档是由<html></html>包括起来的,分别位于网页的最前端和最后端。
- <head>内容</head>：HTML 头信息标记,包含网页 title、关键词、样式等标记。
- <title>内容</title>：HTML 文件标题标记,显示网页标题。
- <body>内容</body>：HTML 网页主题,包含<p></p>、<div></div>、<h1></h1>等标签。
- <meta>：页面的元信息,提供有关页面的元信息,例如针对搜索引擎和更新频度的描述、关键词。

常用标签如表 2.2 所示。

表 2.2 常用标签

标　　签	说　　明
<p></p>	段落标签
<h1></h1> …… <h6></h6>	各级标题标签

续表

标　　签	说　　明
\<a\>\</a\>	链接标签
\<img /\>	图片标签
\<table\>\</table\>	表格标签
\<tr\>\</tr\>	表格中行标记
\<td\>\</td\>	表格中行内列标记
\<ul\>\</ul\>	无序列表标签
\<ol\>\</ol\>	有序列表标签
\<li\>\</li\>	有序列表和无序列表中项标签
\<dl\>\</dl\>	定义列表
\<dt\>\</dt\>	定义列表中被定义词标签
\<dd\>\</dd\>	定义列表中定义描述标签
\<center\>	居中对齐标记。让段落或文字相对于父标签居中显示
\<br\>	强制换行标签。使得文字、图片、表格等显示在下一行
\<div\>	分区显示标记,也称作层标记。常用来编排大段HTML,也用于格式化表格,可多层嵌套使用
\<hr\>	水平分隔标记线。用作段落之间的分隔线
\<font\>	字体设置标签,常用属性有\<font size="14px" color="red" face="宋体"\>
\<b\>	粗字体标记
\<i\>	斜字体标记
\<sub\>	文字下标字体标记
\<sup\>	文字上标字体标记
\<tt\>	打印机字体标记
\<cite\>	引用方式的字体,通常是斜体
\<em\>	表示强调,通常是斜体
\<strong\>	表示强调,通常显示为粗体
\<small\>	小号字体标签
\<u\>	下画线字体标签

接下来通过一个案例演示上述部分标签的使用,具体如例2-10所示。

【例2-10】 部分标签的使用。

```
1   <!DOCTYPE html>
2   <html lang="en">
3   <head>
4     <meta charset="UTF-8">
5     <title>千锋互联教育</title>
6   </head>
7   <body>
8     文档设置标记<br>
9     <p>这是段落.千锋教育</p>
10    <hr>
11    <center>居中标记.千锋教育</center>
12    <hr>
```

```
13    <br>
14    <ul>
15        <li>扣丁学堂</li>
16        <li>好程序员</li>
17    </ul>
18    <ol type="A">
19        <li>扣丁学堂</li>
20        <li>好程序员</li>
21    </ol>
22    <div>
23        <h3>千锋教育</h3>
24        <p>做有情怀、有良心、有品质的IT职业教育机构</p>
25    </div>
26    <dl>
27        <dt> 帮助  </dt>
28        <dd>学习流程</dd>
29    </dl>
30 </body>
31 </html>
```

将以上代码存放于一个文本中并将后缀名改为.html,使用浏览器打开该文件,结果如图 2.15 所示。

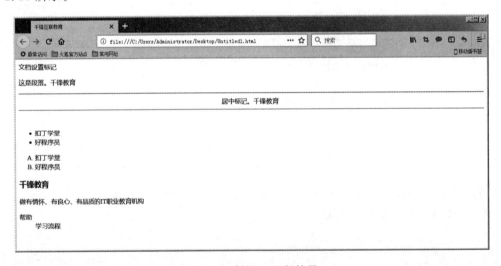

图 2.15 例 2-10 运行结果

例 2-10 实现了一个简单的 HTML 页面。

HTML 被用来描述网页和显示数据,还有一种与 HTML 很类似的语言——XML(Extensible Markup Language,可扩展标记语言),该语言只是用来描述数据,并没有显示数据的功能。XML 是对 HTML 的补充,它不会替代 HTML,在大多数 Web 应用程序中,XML 被用于传输数据,而 HTML 用于格式化并显示数据。对 XML 最合适的描述是独立于软件和硬件的信息传输工具。

下面通过一个简单示例展示 XML 语言的使用,具体如例 2-11 所示。

【例 2-11】 XML 简单示例。

```
1   <?xml version = "1.0" encoding = "ISO - 8859 - 1"?>
2   <note>
3       <to>George</to>
4       <from>John</from>
5       <heading>Reminder</heading>
6       <body>Don't forget the meeting!</body>
7   </note>
```

例 2-11 中第 1 行是 XML 声明,定义了 XML 的版本(1.0)和所使用的编码(ISO 8859-1),第 2 行的<note>标签是描述文档的根元素,第 3 行到第 6 行是 4 个子元素(to、from、heading、body),第 7 行是定义根元素的结尾。从此例可以看出,例 2-11 中的 XML 文档解析出来的数据应该是 John 给 George 的一个便签。

从例 2-11 中还可以看出 XML 具有自我描述性,它不像 HTML 语言一样使用固有的标签。除此之外,XML 是严格的树状结构,每个标签都必须要有对应的结束标签。

2.4 XPath

XPath 是一种 XML 路径语言,被用于在 XML 文档中通过元素和属性进行导航。XPath 设计被用来搜寻 XML 文档,同样也能用于 HTML 文档,并且大部分浏览器也支持通过 XPath 来查询节点。在 Python 爬虫开发中,也会频繁使用 XPath 查找提取网页信息。

XPath 以路径表达式来指定元素,称作 XPath selector,比如使用"/"选择某个标签,使用多个"/"可选择多层标签,常用的路径表达式如表 2.3 所示。

表 2.3　路径表达式

表　达　式	说　　明
nodename	选取此节点的所有子节点
/	从根节点选取
//	选择任意位置的某个节点
.	选取当前节点
..	选取当前节点的父节点
@	选取属性

下面通过一个简单示例示范使用路径表达式查找信息。现有如下代码:

```
<?xml version = "1.0" encoding = "ISO - 8859 - 1"?>
<classroom>
    <student>
        <id>1000</id>
        <name lang = "en">1000phone</name>
        <age>25</age>
        <country>China</country>
    </student>
```

```
            <student>
                <id>1001</id>
                <name lang="en">codingke</name>
                <age>18</age>
                <country>China</country>
            </student>
        </classroom>
```

现使用 XPath 路径表达式查询上面代码中的信息。若选取 classroom 的所有 student 子元素，可通过"classroom/student"表达式实现，若选取 classroom 子元素的第一个 student 元素，则可通过"/classroom/student[1]"表达式实现。

表 2.4～表 2.6 展示了更多表达式，用于在上面代码中查询想要的信息。

表 2.4 节点选取

路径表达式	说明
classroom	选取 classroom 元素的所有子节点
/classroom	选取根元素 classroom
classroom/student	选取属于 classroom 的子元素的所有 student 元素
//student	选取所有 student 元素，而不管它们在文档中的位置
classroom//student	选择属于 classroom 元素的后代的所有 student 元素，而不管它们位于 classroom 之下的位置
//@lang	选取名为 lang 的属性

以上是选取所有符合条件的节点，若要选择特定的节点或者带有特定值的节点，就需要使用谓语，具体如表 2.5 所示。

表 2.5 谓语

路径表达式	说明
/classroom/student[1]	选取 classroom 子元素的第一个 student 元素
/classroom/student[last()]	选取属于 classroom 子元素的最后一个 student 元素
classroom/student[last()－1]	选取属于 classroom 子元素的倒数第二个 student 元素
/classroom/student[position()<<3]	选择最前面的两个属于 classroom 元素的子元素的 student 元素
//name[@lang]	选取所有 name 元素且拥有 lang 属性

XPath 在进行节点选取时可以使用通配符"*"匹配未知的元素，同时使用操作符"|"一次选取多条路径，具体如表 2.6 所示。

表 2.6 通配符的使用

路径表达式	说明
/classroom/*	选取 classroom 元素的所有子元素
//*	选取文档中所有元素
//name[@*]	选取所有带属性的 name 元素
//student/name | //student/age	选取 student 元素的所有 name 和 age 元素
/classroom/student/name | //age	选取属于 classroom 元素的 student 元素的所有 name 元素，以及文档中所有 age 元素

2.5　JSON

　　JSON 的全称是 JavaScript Object Notation，意为 JavaScript 对象表示法，它是一种基于文本，且独立于语言的轻量级数据交换格式。JSON 比 XML 更加轻量、更易解析，在 Web 前端中运用非常广泛。JSON 使用 JavaScript 语法来描述数据对象，但 JSON 仍然独立于语言和平台。JSON 解析器和 JSON 库支持许多不同的编程语法，其语法如表 2.7 所示。

表 2.7　JSON 语法

JSON	说　　明
名称:值对	JSON 书写格式是"名称:值对"，如"name"："codingke"
JSON 值	JSON 的值可以是数字（整数或浮点数）、字符串（双引号中）、布尔值（true 或 false）、数组（在方括号中）、对象（在花括号中）、null
JSON 对象	在花括号中书写，对象可以包含多个名称/值对，如{"name":"codingke","age":20}，也就是 Python 中的字典
JSON 数组	JSON 数组在方括号中书写，数组可包含多个对象，如{"reader":[{"name":"codingke","age":20},{"name":"qianfeng","age":21}]}，reader 是包含两个对象的数组

　　下面通过一个示例示范 JSON 的使用。新建一个后缀名为.html 的文件，在该文件中编写如例 2-12 中的代码。

【例 2-12】　HTML 中显示 JSON 数据。

```
1   <html>
2     <body>
3       <h2>通过JSON字符串来创建对象</h2>
4       <p>
5         First Name: <span id="fname"></span><br />
6         Last Name: <span id="lname"></span><br />
7       </p>
8       <script type="text/javascript">
9         var txt = '{"employees":[' +
10          '{"firstName":"Bill","lastName":"Gates"},' +
11          '{"firstName":"George","lastName":"Bush"},' +
12          '{"firstName":"Thomas","lastName":"Carter"}]}';
13        var obj = eval ("(" + txt + ")");
14        document.getElementById("fname").innerHTML =
15          obj.employees[1].firstName
16        document.getElementById("lname").innerHTML =
17          obj.employees[1].lastName
18      </script>
19    </body>
20  </html>
```

　　在浏览器中打开例 2-12 中的文本，结果如图 2.16 所示。

　　例 2-12 的功能是将 JSON 数据转换为 JavaScript 对象，然后在网页中使用该数据。第

图 2.16　例 2-12 运行结果

9 行变量 txt 是一个 JSON 数据,该数据中包含了一个数组,数组中又包含了 3 个对象。第 13 行函数 eval()可解析 JSON 数据,然后生成 JavaScript 对象。

2.6　BeautifulSoup

BeautifulSoup 是一个可以从 HTML 或 XML 文件中提取数据的 Python 库,它能够通过转换器实现大家惯用的文档导航、查找、修改文档等功能。使用 BeautifulSoup 可以快速实现一个完整的爬虫应用程序。

2.6.1　安装 BeautifulSoup

由于 BeautifulSoup 并不是 Python 标准库,因此需要单独安装。本书推荐安装 BeautifulSoup4(以下简称 BS4)版本。如果使用 Windows 系统,大家可通过下载源码的方式安装,下载地址为 https://pypi.python.org/pypi/beautifulsoup4/,选择 Download files 下载后缀名为.tar.gz 的文件并解压,使用命令行进入解压后的文件中,执行如下命令即可安装成功:

```
python setup.py install
```

对于 Mac 系统,可以通过 pip 包管理器(一个 Python 包管理工具)来安装,首先需要通过命令安装该管理器,命令如下:

```
sudo easy_install pip
```

注意 Mac 系统中自带 Python 2 版本,当使用 pip 包管理器将 BS4 安装到 Python 3 下时,安装命令如下:

```
pip3 install beautifulsoup4
```

至此,BS4 库安装完成,下面讲解它的用法。

2.6.2　BeautifulSoup 的使用

下面通过一个示例示范 BeautifulSoup 的简单使用。现有一段格式不良好的 HTML

内容,需要用BeautifulSoup确定其格式。

首先导入BS4库,接着创建HTML代码的字符串,最后创建BeautifulSoup对象。以下字符串html_doc中是需要确定格式的HTML内容,使用BeautifulSoup处理的具体代码如下所示:

```python
from bs4 import BeautifulSoup
html_doc = """
<html><head><title>The Dormouse's story</title></head>
<body>
<!-- 注释 -->
<p class="title"><b>The Dormouse's story</b></p>
<p class="story">
Once upon a time there were three little sisters; and their names were
<a href="http://example.com/elsie" class="sister" id="link1">Elsie</a>,
<a href="http://example.com/lacie" class="sister" id="link2">Lacie</a> and
<a href="http://example.com/tillie" class="sister" id="link3">Tillie</a>;
and they lived at the bottom of a well.</p>
<p class="story">...</p>
</body>
</html>
"""
# 通过字符串html_doc创建BeautifulSoup对象
soup = BeautifulSoup(html_doc,'html.parser')
# 格式化输出
print(soup.prettify())
```

运行示例代码后,输出结果如下所示:

```
<html>
 <head>
  <title>
   The Dormouse's story
  </title>
 </head>
 <body>
  <!-- 注释 -->
  <p class="title">
   <b>
    The Dormouse's story
   </b>
  </p>
  <p class="story">
   Once upon a time there were three little sisters; and their names were
   <a class="sister" href="http://example.com/elsie" id="link1">
    Elsie
   </a>
   ,
   <a class="sister" href="http://example.com/lacie" id="link2">
    Lacie
```

```
    </a>
    and
    <a class = "sister" href = "http://example.com/tillie" id = "link3">
     Tillie
    </a>
    ;
and they lived at the bottom of a well.
   </p>
   <p class = "story">
    ...
   </p>
  </body>
 </html>
```

从上面的输出结果中可以看出,BeautifulSoup 正确补全了缺失的标签并对该 HTML 文档进行了格式化。

此外,通过文件也可以创建 BeautifulSoup 对象,将字符串 html_doc 中的内容保存为 index.html 文件,具体创建方法如下所示:

```
# 通过 index.html 文件创建 BeautifulSoup 对象
soup = BeautifulSoup(open('index.html'),'html.parser')
```

BeautifulSoup 将复杂 HTML 文档转换为一个复杂的树状结构,每个节点都是 Python 对象,所有对象可以归纳为 4 种:Tag、NavigableString、BeautifulSoup、Comment。

下面还是通过一个示例简单示范这 4 种对象的使用,具体代码如例 2-13 所示。

【例 2-13】 BeautifulSoup 的 4 种节点对象的使用。

```
1   from bs4 import BeautifulSoup
2   html_doc = """
3   <html>
4   <head><title>The Dormouse's story</title></head>
5   <body>
6   <b><!-- Hey, buddy. Want to buy a used parser? --></b>
7   <p class = "title"><b>The Dormouse's story</b></p>
8   <p class = "story">Once upon a time there were three little sisters;
9   and their names were
10  <a href = "http://example.com/elsie" class = "sister" id = "link1">Elsie</a>,
11  <a href = "http://example.com/lacie" class = "sister" id = "link2">Lacie</a> and
12  <a href = "http://example.com/tillie" class = "sister" id = "link3">Tillie</a>;
13  and they lived at the bottom of a well.</p>
14  <p class = "story">...</p>
15  """
16  soup = BeautifulSoup(html_doc, 'html.parser')
17  tag = soup.title                          # 获取标签 title
18  string = tag.string                       # 获取 title 的文字内容
19  comment = soup.b.string                   # 获取 b 标签的注释文字内容
20  print(type(soup))                         # <class 'bs4.BeautifulSoup'>
```

```
21 print(type(tag))            #<class 'bs4.element.Tag'>
22 print(type(string))         #<class 'bs4.element.NavigableString'>
23 print(type(comment))        #<class 'bs4.element.Comment'>
```

运行程序,结果如图 2.17 所示。

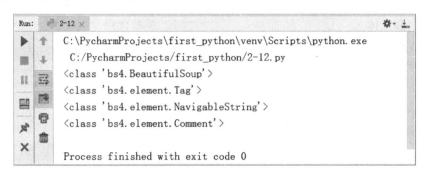

图 2.17 例 2-13 运行结果

例 2-13 中简单示例了这 4 种对象的用法,关于 BeautifulSoup 的其他使用方法可参考其官方文档,地址为 https://www.crummy.com/software/BeautifulSoup/bs4/doc.zh/。

本节讲解的 BeautifulSoup() 中统一使用了 html 解析器,即 html.parser,这是 Python 自带的解析器。除此之外,还有常用的 lxml 解析器,该解析器需要通过 pip 命令安装,安装命令如下:

```
pip install lxml
```

安装完成后,使用方法如 BeautifulSoup(html_doc, 'lxml')。

2.7 本 章 小 结

本章首先介绍了 Cookie 的概念以及在爬虫中的应用,以及 Python 中正则表达式的用法,接着介绍了网络爬虫所需掌握的 Web 基础知识,包括 HTML 标签、XPath、JSON 数据格式等。最后重点介绍了 BeautifulSoup 库的使用方法,大家需重点掌握该库的用法。

2.8 习   题

1. 填空题

(1) _____ 是服务器在本地机器上存储的小段文本并随每一个请求发送至服务器。

(2) <meta> 标签的作用是 _____。

(3) <div> 标签的作用是 _____。

(4) _____ 是一种 XML 路径语言,被用于在 XML 文档中通过元素和属性进行导航。

(5) JSON 对象使用 _____ 表示。

2. 选择题

(1) Cookie 存储在(　　)。

　　A. 服务端　　　　　　　　　　B. 代理层

　　C. 客户端　　　　　　　　　　D. 消息队列

(2) HTML 是(　　)。

　　A. 数据体　　　　　　　　　　B. 逻辑代码

　　C. 超文本标记语言　　　　　　D. 超文本传输协议

(3) 下列选项中,(　　)属于 JSON 对象。

　　A. {"name":"codingke"}　　　　B. ['time':'2017']

　　C. {'age':18}　　　　　　　　　D. (1,2)

(4) 下列数据中,(　　)可以使用 BeautifulSoup 提取。

　　A. tuple　　　　B. XML　　　　C. dict　　　　D. int

(5) 下列选项中,不属于正则表达式中原子类型的是(　　)。

　　A. 普通字符　　　　　　　　　B. 限定符

　　C. 通用字符　　　　　　　　　D. 非打印字符

3. 思考题

(1) 简述 Cookie 的工作方式。

(2) 简述 BeautifulSoup 的含义以及使用方法。

4. 编程题

编写程序使用 BeautifulSoup 从下面 HTML 文档中获取所有文字,HTML 内容如下:

```
<html><head><title>The Dormouse's story</title></head>
<body>
<p class="title"><b>The Dormouse's story</b></p>
<p class="story">Once upon a time there were three little sisters; and their names were
<a href="http://example.com/elsie" class="sister" id="link1">Elsie</a>,
<a href="http://example.com/lacie" class="sister" id="link2">Lacie</a> and
<a href="http://example.com/tillie" class="sister" id="link3">Tillie</a>;
and they lived at the bottom of a well.</p>
<p class="story">...</p>
```

提示:使用 BeautifulSoup 对象的 get_text()方法。

第 3 章　urllib 与 requests

本章学习目标
- 掌握 urllib 库的使用。
- 掌握 URLError 异常处理。
- 掌握 Requests 库的使用。

读取 URL 与下载网页是每个爬虫必备且关键的功能，要实现这些功能就需要与 HTTP 请求打交道。Python 网络爬虫中主要通过使用 urllib 库与 requests 库两种方式实现 HTTP 请求，在实际开发中还需要考虑程序对网站访问失败时的情况，因此还需要对爬取过程中的异常情况进行处理，此时就需要用到 URLError 模块。

3.1　urllib 库

3.1.1　urllib 库的概念

urllib 库是 Python 编写爬虫程序操作 URL 的常用内置库。在不同的 Python 解释器版本下，使用方法也稍有不同，本书采用 Python 3.x 来讲解 urllib 库，具体版本是 Python 3.6.1。

需要说明的是，在 Python 2.x 中 urllib 库包含 urllib2 和 urllib 两个版本，而在 Python 3.x 中 urllib2 合并到了 urllib 中。在此总结了一些 urllib 模块在 Python 2.x 和 Python 3.x 中使用的变动，方便大家快速掌握该库的用法，具体如下所示：

```
#Python 2.x 到 Python 3.x 的变化
import urllib2         -----   import urllib.request,urllib.error
import urllib          -----   import urllib.request,urllib.error,urllib.parse
import urlparse        -----   import urllib.parse
import urllib2.urlopen -----   import urllib.request.urlopen
import urllib.quote    -----   import urllib.request.quote
urllib.request         #Python 3.x 中请求模块
urllib.error           #Python 3.x 中异常处理模块
urllib.parse           #Python 3.x 中 url 解析模块
urllib.robotparser     #Python 3.x 中 robots.txt 解析模块
```

3.1.2　urllib 库的使用

3.1.1 节对 urllib 库作了简单的介绍，接下来讲解如何使用 urllib 库快速爬取一个网页。具体步骤如下：
- 导入 urllib.reques 模块。
- 使用 urllib.request.urlopen()方法打开并爬取一个网页。
- 使用 response.read()方法读取网页内容，并以 utf-8 格式进行解码。

具体示例代码如下：

```
#导入Python3.X中urllib.request库
import urllib.request
#创建爬取千锋官网对象
response = urllib.request.urlopen('http://www.1000phone.com')
#以UTF-8方式打印爬取所有结果
print(response.read().decode('utf-8'))
```

上述示例中使用到了 urlopen 方法，该方法有 3 个常用的参数，具体示例如下：

```
urllib.request.urlopen(url,data,timeout)
```

其中，url 表示需要打开的网址；data 表示访问网址时需要传送的数据，一般在使用 POST 请求时使用；timeout 是设置网站的访问超时时间。

response 是爬取到的网页对象，若想读取该网页内容，可以使用 response.read()方法，并使用 utf-8 解码即可。如果不使用 read()而直接对 response 解码，则上述示例返回结果如下：

```
<http.client.HTTPResponse object at 0x026D6AD0>
```

上述示例中的千锋教育官网是通过 GET 请求获得的。下面演示使用 urllib 库中的 POST 方法获取网页内容。这里使用"http://httpbin.org/"网站演示，具体示例代码如下：

```
#urllib分析模块
import urllib.parse
import urllib.request
#urlencode的参数是字典,它可以将key-value这样的键值对转换成需要的格式
data = bytes(urllib.parse.urlencode({'word': 'hello'}), encoding = 'utf-8')
print(data)
response = urllib.request.urlopen('http://httpbin.org/post', data = data)
print(response.read().decode("utf-8"))
```

注意：使用该网站的 POST 方法时需要在网址后面加上"/post"，如上述代码所示。上面代码中客户端对网站服务器发送了请求数据{'word': 'hello'}，并使用 urllib.parse 库中bytes()方法将请求数据进行转换后，放入 urllib.request.urlopen()方法的 data 参数中，这样就完成了一次 POST 请求。运行该程序，结果如图 3.1 所示。

此时可以看到客户端通过 POST 请求向网站服务器传递了表单数据"word": "hello"，程序也返回了相应的结果。

通过上面的学习，相信大家已经可以使用 urllib 库对网页进行简单爬取，如果爬取的网

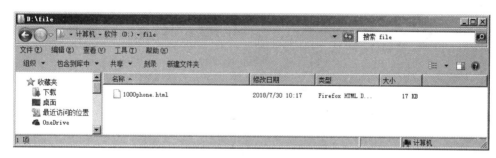

图 3.1 返回结果

页结果想要保存到本地,可通过如下代码实现:

```
import urllib.request
response = urllib.request.urlopen("http://www.1000phone.com")
data = response.read()
filehandle = open('D:/file/1000phone.html',"wb")
filehandle.write(data)
filehandle.close()
```

代码中首先通过 open()函数以 wb(二进制写入)的方式打开文件,打开后再将其赋值给变量 filehandle,然后再用 write()方法将爬取的 data 数据写入打开的文件中,写入完成后使用 close()方法关闭该文件,使其不能再进行读写操作,程序到此结束。执行完上面的代码后,即可在"D:/file/"目录中找到文件 1000phone.html,如图 3.2 所示。

图 3.2 文件 1000phone.html

用浏览器打开本地 1000phone.html 文件,结果如图 3.3 所示。

除此方法外,还可以使用 urllib.request 中的 urlretrieve()方法直接将对应信息写入本地文件,具体代码如下所示:

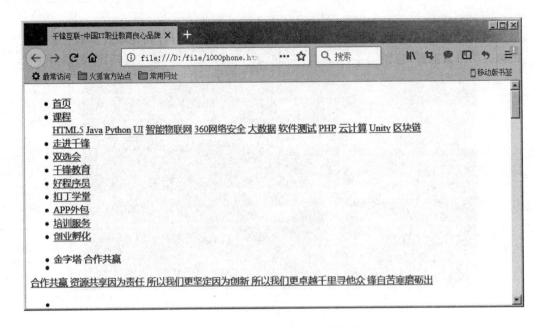

图 3.3　1000phone.html 打开效果

```
import urllib.request
filename = urllib.request.urlretrieve("http://www.1000phone.com",
    filename = "D:/file/1000phone1.html")
```

执行上述程序后,"D:/file/"目录中增加了 1000phone1.html 文件,如图 3.4 所示。

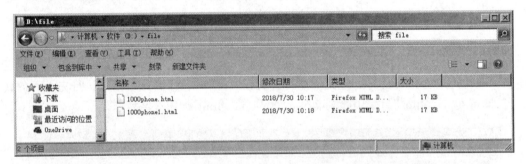

图 3.4　1000phone1.html

打开该文件,将会看到与图 3.3 相同的内容。

urllib 库中还有一些常用方法,如例 3-1 所示。

【例 3-1】　获取网页信息、状态码、地址等。

```
1   import urllib.request
2   file = urllib.request.urlopen("http://www.1000phone.com")
3   print(file.info())            # 网页信息
4   print(file.getcode())         # 返回状态码
5   print(file.geturl())          # 返回 URL
```

运行程序,结果如图 3.5 所示。

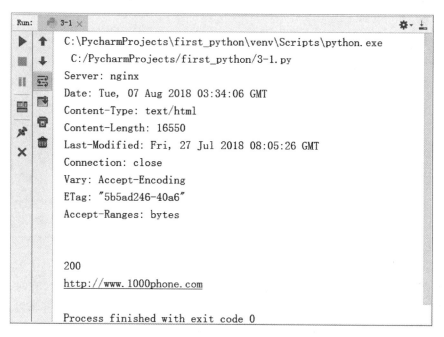

图 3.5　例 3-1 运行结果

由图 3.5 可以看出,file.info()输出了对应的网页信息;file.getcode()获得了爬取网页的状态码,返回 200 表示响应正确;方法 geturl()返回了当前所爬取网页的源 URL 地址。

在浏览网页时,如果此网页长时间没有响应,系统就会提示该网页超时无法打开。在爬取网页时正确设置 timeout 的值,可以避免超时异常。其设置格式代码如下:

```
urllib.request.urlopen("url",timeout = default)
```

比如,有的网站响应快,若以 3 秒作为判断是否超时的标准,timeout 值就是 3;有的网站响应缓慢,可以设置 timeout 值为 10 秒,如例 3-2 所示。

【例 3-2】　设置超时时间。

```
1  import urllib.request
2  for i in range(1,100):
3      try:
4          file = urllib.request.urlopen("http://www.codingke.com",
5                  timeout = 3)            #打开网页超时设置为 3 秒
6          data = file.read()
7          print(len(data))                #打印爬取内容的长度
8      except Exception as e:              #捕捉异常
9          print("异常了……" + str(e))
```

上面代码中执行循环 99 次,每次循环都爬取网址 http://www.codingke.com,并将超时设置为 3 秒,即 3 秒未响应则判定超时,如果捕捉到异常就输出"异常了……"与异常原因。运行该程序,结果如图 3.6 所示。

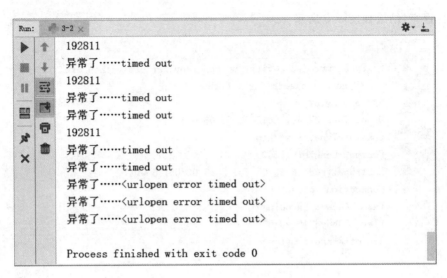

图 3.6　timeout 为 3 时捕捉到超时异常

结果显示在这 99 次循环爬取中,有时能正确爬取内容并返回内容长度,有时却引发了超时异常。这个结果是因为程序中设置 timeout 的值是 3,在短时间内向服务器发送大量访问请求,服务器在 3 秒内无法响应,报错超时异常。

若将例 3-2 中 timeout 值修改为 5 后运行该程序,结果如图 3.7 所示。

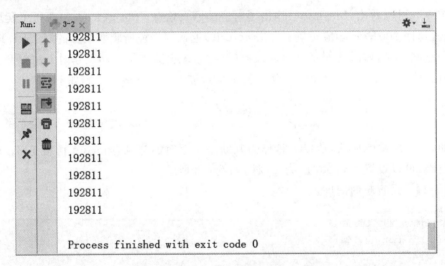

图 3.7　timeout 为 5 时没有超时异常

在实际开发中,适当的选择 timeout 的值,会避免抛出超时异常。

3.2　设置 HTTP 请求方法

3.1 节简单介绍了使用 urllib 库中的 GET 与 POST 方法获取网页内容。其实 HTTP 的请求方式除了 GET 与 POST 外,还包括 PUT、HEAD、DELETE、OPTIONS、TRACE、CONNECT。其中最常用请求方式是 GET 与 POST,各类型主要作用如表 3.1 所示。

表 3.1 常见请求方式用法

请求方式	作用
GET	GET 请求会通过 URL 网址传递信息,信息写在 URL 中,也可以通过表单进行传递,表单传递信息会自动转化为 URL 地址中的数据,通过 URL 地址传递
POST	向目的服务器发出请求,要求它接收被附在请求后的数据,并把它当作请求队列中请求 URL 所指定资源的附加子项,比如在登录时发送账号密码给服务器
PUT	请求服务器存储一个资源,指定了存储的位置
HEAD	请求对应的 HTTP 头部信息
DELETE	请求服务器删除资源
OPTIONS	可以获取当前 URL 所支持的请求类型
TRACE	回显服务器收到的请求,主要用于测试或诊断
CONNECT	HTTP/1.1 协议中预留给能够将连接数改为管道方式的代理服务

3.2.1 GET 请求实战

本书以在扣丁学堂(www.codingke.com)中查询 Python 课程为例讲解 GET 请求。首先打开扣丁学堂首页,然后检索关键词 python,查看查询结果,并观察 URL 变化,如图 3.8 所示。

图 3.8 扣丁学堂首页

在检索关键词 python 后,URL 变为 http://www.codingke.com/search/course? keywords=python,这里 keywords=python 刚好是需要查询的信息,因此字段 keywords 对应的值就是用户检索的关键词。由此可见,在扣丁学堂查询一个关键词时,会使用 GET 请求,其中关键字段是 keywords,查询格式就是 http://www.codingke.com/search/course? keywords=关键词。

若要实现用爬虫自动在扣丁学堂上查询关键词是 php 的结果,示例代码如例 3-3 所示。

【例 3-3】 爬取扣丁学堂中 php 课程的网页内容并保存在本地。

```
1  import urllib.request
2  keywd = 'php'
3  url = 'http://www.codingke.com/search/course?keywords = ' + keywd
4  req = urllib.request.Request(url)
5  data = urllib.request.urlopen(req).read()
6  fhandle = open("D:/file/php.html",'wb')
7  fhandle.write(data)
8  fhandle.close()
```

上述代码首先定义了关键词给 keywd 变量，然后按照分析好的 URL 格式，构建所需爬取的 URL 地址赋值给变量 url，再使用 urllib.request.Request()构建一个 Request 对象赋值给变量 req，再用 urllib.request.urlopen()打开对应的 Request 对象，此时网页中包含了 GET 请求信息，读取页面内容后赋值给 data 变量，最后保存内容到 D:/file/php.html 文件中。

执行以上代码之后，在对应目录下已经出现 php.html 文件，打开该文件，结果如图 3.9 所示。

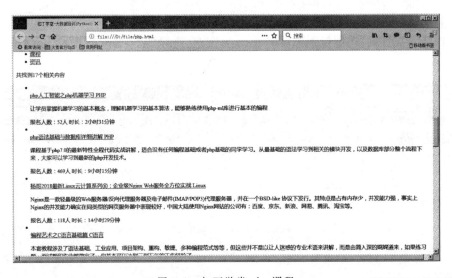

图 3.9　扣丁学堂 php 课程

上述示例中存在一个问题，当要检索的关键词是中文时，例如 keywd = '开发'，继续执行代码则会出现如下错误：

```
UnicodeEncodeError: 'ascii' codec can't encode characters in position 28-29:
ordinal not in range(128)   #编码出错
```

可以看出，上述代码由于编码问题出错，修改代码如例 3-4 所示。

【例 3-4】　解决关键词是中文的编码问题。

```
1  import urllib.request
2  url = 'http://www.codingke.com/search/course?keywords = '
3  keywd = '开发'                           #使用中文查询
4  key_code = urllib.request.quote(keywd)   #对关键字编码
```

```
5  url_all = url + key_code              #字符串拼接
6  req = urllib.request.Request(url_all)
7  data = urllib.request.urlopen(req).read()
8  fhandle = open('D:/file/dev.html','wb')
9  fhandle.write(data)
10 fhandle.close()
```

例 3-4 使用 urllib.request.quote() 对关键词部分进行编码，编码后重新构造完整 URL。关于 GET 请求的实例就介绍到这里，希望大家多多练习并可在其他网站上尝试操作。

3.2.2 设置代理服务

前面讲解的都是如何爬取一个网页内容，前提是客户端使用的 IP 地址没有被网站服务器屏蔽。当使用同一个 IP 地址频繁爬取网页时，网站服务器极有可能屏蔽这个 IP 地址。解决办法就是设置代理服务 IP 地址。

获取代理 IP 主要有如下几种方式：

- IP 代理池——部分厂商将很多 IP 做成代理池，提供 API 接口，允许用户使用程序调用。
- VPN——国内外都有很多厂商提供 VPN 服务，可以分配不同的网络路线，并可以自动更换 IP，实时性高，速度快。
- ADSL 宽带拨号——ADSL 宽带拨号的特点就是断开再重新连接后，分配的 IP 会变化。

在西刺网站中有很多免费代理服务器地址，其网址为 http://www.xicidaili.com/，打开后如图 3.10 所示。

图 3.10 代理 IP 地址列表

从图 3.10 中可以看出，上面网址提供了大量的代理 IP 地址，应尽量选用验证时间较短的 IP 用作代理。接下来通过一个示例示范使用代理 IP 进行爬取网页，比如选用图 3.10 中第一个 IP 地址为 110.73.42.136，端口号为 8123 的代理 IP。具体代码如例 3-5 所示。

【例 3-5】 使用代理 IP 爬取网页。

```
1   import urllib
2   import urllib.request
3   #创建代理函数
4   def use_proxy(proxy_addr, url):
5       #代理服务器信息
6       proxy = urllib.request.ProxyHandler({'http':proxy_addr})
7       #创建 opener 对象
8       opener = urllib.request.build_opener(proxy, urllib.request.HTTPHandler)
9       urllib.request.install_opener(opener)
10      data = urllib.request.urlopen(url).read().decode('utf-8')
11      return data
12  proxy_addr = '110.73.42.136:8123'
13  data = use_proxy(proxy_addr, "http://www.1000phone.com")
14  print('网页数据长度是：', len(data))
```

运行上面程序，结果如图 3.11 所示。

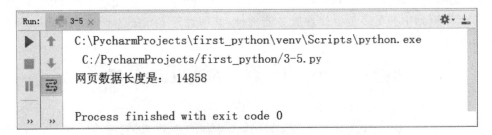

图 3.11　网页数据结果

例 3-5 中首先创建函数 use_proxy(proxy_addr, url)，该函数的功能是实现使用代理服务器爬取 URL 网页。其中，第一个形参 proxy_addr 填写代理服务器的 IP 地址及端口，第二个参数 url 填写待爬取的网页地址。通过 urllib.request.ProxyHandler() 方法来设置对应的代理服务器信息，接着使用 urllib.request.build_opener() 方法创建一个自定义的 opener 对象，该方法中第一个参数是代理服务器信息，第二个参数是类。

urllib.request.install_opener() 创建全局默认的 opener 对象，那么在使用 urlopen() 时也会使用本书安装的全局 opener 对象，因此下面可以直接使用 urllib.request.urlopen() 打开对应网址爬取网页并读取，紧接着赋值给变量 data，最后将 data 的值返回给函数。

从图 3.11 中可以看到，已经成功使用代理服务器爬取到了千锋教育首页，并返回了内容大小。如果使用代理 IP 地址发生异常错误时，排除代码编写错误的原因外，就需要考虑是否为代理 IP 失效，若失效则应更换为其他代理 IP 后再次进行爬取。

3.3 异常处理

在程序运行中难免发生异常,对于异常的处理是编写程序时经常要考虑的问题。本节学习如何处理爬虫程序中遇到的异常。

3.3.1 URLError 异常处理

首先需要导入异常处理的模块——urllib.error 模块,该模块中包含了 URLError 类以及它的子类 HTTPError 类。

Python 代码中处理异常需要使用 try-except 语句,在 try 中执行主要代码,在 except 中捕获异常,并进行相应的异常处理。产生 URLError 异常的原因一般包括网络无连接、连接不到指定服务器、服务器不存在等。

在确保使用的计算机正常联网的情况下,下面通过处理一个不存在的地址(http://www.xyxyxy.cn)来演示 URLError 类处理 URLError 异常的过程。具体代码如例 3-6 所示。

【例 3-6】 使用异常处理模块处理 URL 不存在异常。

```
1  import urllib.request
2  import urllib.error
3  try:
4      urllib.request.urlopen("http://www.xyxyxy.cn")    # 爬取不存在的 URL
5  except urllib.error.URLError as e:                     # 主动捕捉异常
6      print(e.reason)                                    # 输出异常原因
```

运行程序,结果如图 3.12 所示。

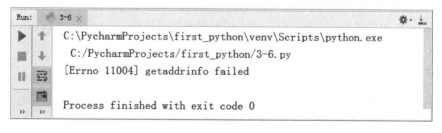

图 3.12 不存在的地址错误

例 3-6 中请求了一个不存在的 URL 地址,该错误会引发 except 程序块执行,并通过 urllib.error.URLError as e 捕获异常信息 e,输出了错误的原因(e.reason),错误的原因为 "getaddrinfo failed",即获取地址信息失败。

在使用 URLError 处理异常时,还有一种包含状态码的异常。下面通过在千锋官网网址(http://www.1000phone.com)后拼接一个"/1"的错误网址来演示使用 URLError 类处理该类错误的过程,具体如例 3-7 所示。

【例 3-7】 使用异常处理模块处理 URL 错误的异常。

```
1  import urllib.request
2  import urllib.error
3  try:
4      urllib.request.urlopen("http://1000phone.com/1")   # 爬取错误的 URL
5  except urllib.error.URLError as e:                      # 主动捕捉异常
6      print(e.code)                                       # 输出异常状态码
7      print(e.reason)                                     # 输出异常原因
```

运行程序,结果如图 3.13 所示。

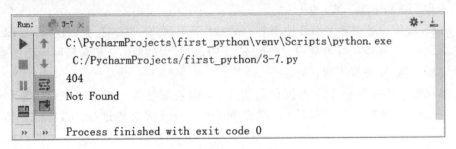

图 3.13　页面找不到异常

例 3-7 中请求了一个错误的 URL 地址,输出状态码"404",异常原因是"Not Found"。之前提到,产生异常的原因有如下几种:
- 网络无连接。
- 连接不到指定服务器。
- 服务器无响应。

在例 3-7 中,404 异常不属于上述三者,而是由于触发了 HTTPError 异常。与 URLError 异常不同的是,HTTPError 异常中一定含有状态码,而例 3-7 中之所以可以打印出状态码,是因为该异常属于 HTTPError,除此之外的 URLError 异常在打印状态码时程序会报错。比如在例 3-6 代码中的 except 中处理异常时输出 e.code 会报错,具体代码 3-8 所示。

【例 3-8】 URLError 异常中打印状态码出错。

```
1  import urllib.request
2  import urllib.error
3  try:
4      urllib.request.urlopen("http://www.xyxyxy.cn")   # 爬取不存在的 URL
5  except urllib.error.URLError as e:                    # 主动捕捉异常
6      print(e.code)                                     # 输出异常状态码
7      print(e.reason)                                   # 输出异常原因
```

运行程序,结果如图 3.14 所示。

从图 3.14 中可以看出,在 URLError 异常中打印 code 状态码时出错,出错原因为 URLError 类中没有 code 属性。

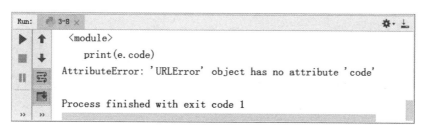

图 3.14　页面找不到异常

3.3.2　HTTPError 异常处理

在 urllib.error 模块中，HTTPError 类是 URLError 类的子类，在使用 urllib.request.urlopen()方法发出一个请求时，服务器会返回一个 response 响应，该响应中会包含一个数字"状态码"。常见的状态码如下所示：

- 200——OK 响应正常。
- 301——Moved Permanently 永久性重定向。
- 302——Found 临时重定向。
- 304——Not Modified 请求资源未更新。
- 305——Use Proxy 必须使用代理访问资源。
- 400——Bad Request 客户端请求语法错误，服务器无法解析。
- 401——Unauthorized 请求要求用户的身份认证。
- 403——Forbidden 服务器理解客户端请求，但拒绝执行。
- 404——Not Found 服务器找不到资源。
- 500——Internal Server Error 服务器内部错误。
- 502——Bad Gateway 充当网管或代理的服务器，从远端服务器接收到无效的请求。

下面通过 HTTPError 类处理例 3-7 中的异常，具体如例 3-9 所示。

【例 3-9】 使用 HTTPError 类处理 HTTPError 异常。

```
1   import urllib.request
2   import urllib.error
3   try:
4       urllib.request.urlopen("http://1000phone.com/1")   # 爬取不存在的 URL
5   except urllib.error.HTTPError as e:                    # 主动捕捉异常
6       print(e.code)
7       print(e.reason)
```

运行程序，结果如图 3.15 所示。

例 3-9 中程序返回的状态码(e.code)为 404，与例 3-7 中结果相同。

HTTPError 子类无法处理除 HTTPError 以外的异常，如网络无连接、连接不到指定服务器、服务器无响应等，这些异常只能通过 URLError 处理。若使用 HTTPError 处理这几种异常，则程序会报错。比如使用 HTTPError 类处理不存在的 URL 地址，具体代码如例 3-10 所示。

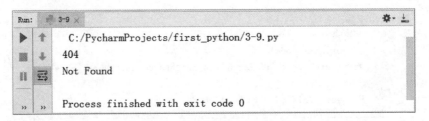

图 3.15 页面找不到异常

【例 3-10】 使用 HTTPError 类处理非 HTTPError 异常。

```
1   import urllib.request
2   import urllib.error
3   try:
4       urllib.request.urlopen("http://www.xyxyxy.cn")
5   except urllib.error.HTTPError as e:      # HTTPError 抓取异常
6       print(e.reason)                      # reason 属性是个元组(错误号,错误信息)
```

运行程序,结果如图 3.16 所示。

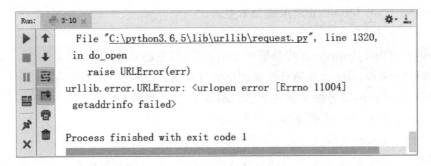

图 3.16 无法进行异常处理

从以上结果可看出,HTTPError 无法处理不存在的网址异常。

如果仅有 HTTPError 子类处理异常,则无法处理网络无连接、连接不到指定服务器、服务器无响应等异常。此时可先使用 HTTPError 类进行异常处理,若无法处理,再让程序用 URLError 进行处理,具体示例代码如例 3-11 所示。

【例 3-11】 使用 HTTPError 类与 URLError 类处理异常。

```
1   import urllib.error
2   import urllib.request
3   try:
4       urllib.request.urlopen("http://www.1000phone.cc")
5   except urllib.error.HTTPError as e :     # 先用子类异常处理
6       print(e.code)
7       print(e.reason)
8   except urllib.error.URLError as e :      # 再用父类异常处理
9       print(e.reason)
```

运行程序,结果如图 3.17 所示。

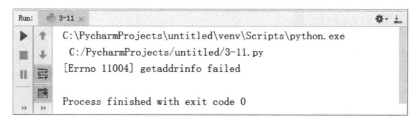

图 3.17 抓取异常处理

总之,不管发生何种异常,都可以先用 HTTPError 子类处理,只有在无法处理时,再用 URLError 类处理。但相比于每次处理异常时都同时使用这两个类,有一种更简单的方式来处理——根据捕获的异常中有无 code 来判断。

在使用 URLError 进行异常处理时做出一个判断:如果含有 e.code 则输出对应信息,否则就忽略。有了这个判断,无论何种 URL 异常,都可以用 URLError 处理,如例 3-12 所示。

【例 3-12】 使用 URLError 处理 HTTPError 异常。

```
1  import urllib.request
2  import urllib.error
3  try:
4      urllib.request.urlopen("http://www.1000phone.cc")
5  except urllib.error.URLError as e :
6      if hasattr(e,'code'):        #使用 hasattr 判断 e 中是否有 code 属性
7          print(e.code)            #打印状态码
8      print(e.reason)
```

运行程序,结果如图 3.18 所示。

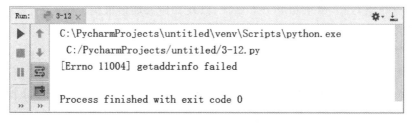

图 3.18 抓取异常处理

在例 3-12 中,若 e 中含有状态码,则打印出 e.code,代表触发了 HTTPError 异常,不管何种异常原因都会输出异常原因 e.reason。

3.4 requests 库

使用 requests 库进行 HTTP 请求是 Python 爬虫开发中最为常用的方式,由于 requests 库简洁易用的特性,已成为 Python 开发社区中最受欢迎的库。目前众多大公司都

在使用 requests 库,如 Twitter、Spotify、Amazon、NSA、Google 等。

3.4.1 安装 requests 库

在 Windows 环境下安装 requests 库只需要在终端运行简单命令即可,代码如下所示:

```
pip install requests
```

在 Mac OS 系统下安装 requests 库也很简单,由于在前面的讲解中已经说明使用 Python 3 版本,故 Mac 系统在安装好 Python 3 后,需要在终端运行如下命令:

```
pip3 install requests
```

安装完成后需要验证 requests 库是否安装成功,验证方式是在 Python 的 shell 中输入 import requests,如果不报错则表示安装成功。

3.4.2 发送请求

requests 库提供了几乎所有的 HTTP 请求的功能:GET、OPTIONS、HEAD、POST、PUT、DELETE,另外它还提供了 headers 参数便于定制请求头。

使用 requests 发送请求方式示例如下所示:

```
import requests
r = requests.get("http://httpbin.org/get")
r = requests.post("http://httpbin.org/post", data = {'key': 'value'})
r = requests.put("http://httpbin.org/put", data = {'key': 'value'})
r = requests.delete("http://httpbin.org/delete")
r = requests.head("http://httpbin.org/get")
r = requests.options("http://httpbin.org/get")
```

下面重点介绍 GET 请求和 POST 请求,以及如何添加请求头。

1. GET 请求

在有些情况下,GET 请求的 URL 会带参数,比如 https://segmentfault.com/blogs?page=2,该 URL 有一个值为 2 的参数 page。为满足这种需求,requests 库为 GET 请求提供了 params 关键字参数,且允许以一个字典来提供参数值,具体示例代码如下所示:

```
import requests
payload = {'page': '1', 'per_page': '10'}
r = requests.get("http://httpbin.org/get", params = payload)
print(r.url)
```

运行该程序,可以看到打印出的 URL 已经被正确编码,结果如下所示:

```
http://httpbin.org/get?page=1&per_page=10
```

2. POST 请求

同样地,使用 Requests 发送 POST 请求,如下代码所示:

```
import requests
r = requests.post("http://httpbin.org/post", data = {'key':'value'})
```

通常发送 POST 请求时还会附上数据,例如发送编码为表单形式的数据或编码为 JSON 形式的数据,这时可以使用 requests 库提供的 data 参数。

通过 data 参数传递一个字典数据,字典数据在发出请求时会被自动编码为表单形式,代码如下所示:

```
import requests
payload = {'page': 1, 'per_page': 10}
r = requests.post("http://httpbin.org/post", data = payload)
print(r.text)
```

运行结果如下所示(省略部分数据):

```
{
  "args": {},
  "data": "",
  "files": {},
  "form": {
    "page": "1",
    "per_page": "10"
  },
  …
}
```

从上述结果可以看出,网站已经接收到传递的字典数据。

POST 请求除了发送表单数据外,还可以发送 JSON 形式的数据。在 requests.post() 方法中,将一个字典型数据传递给 data 参数,代码如下所示:

```
import json
import requests
payload = {'page': 1, 'per_page': 10}
r = requests.post("http://httpbin.org/post", data = json.dumps(payload))
print(r.text)
```

运行结果如下所示:

```
{
  "args": {},
  "data": "{\"page\": 1, \"per_page\": 10}",
  "files": {},
  "form": {},
  "headers": {
    "Accept": "*/*",
    "Accept-Encoding": "gzip, deflate",
    "Connection": "close",
```

```
    "Content-Length": "27",
    "Host": "httpbin.org",
    "User-Agent": "python-requests/2.18.4"
  },
  "json": {
    "page": 1,
    "per_page": 10
  },
  "origin": "",
  "url": "http://httpbin.org/post"
}
```

上述程序中使用 json.dumps()方法将字典数据转换成 JSON 格式的字符串类型,运行程序,结果也接收到了 page、per_page 数据。

3. 添加请求头信息

requests 库还可以为请求添加 HTTP 头部信息,通过传递一个字典类型数据给 headers 参数来实现。示例代码如下所示:

```
import requests
url = 'http://httpbin.org/post'
payload = {'page':1, 'per_page':10}
headers = {'User-Agent': 'Mozilla/5.0 (Windows NT 6.1; Win64; x64; rv:61.0) Gecko/20100101 Firefox/61.0'}
r = requests.post("http://httpbin.org/post", json = payload, headers = headers)
print(r.headers)          # 查看服务器返回的响应头信息
```

运行该程序,结果如下所示:

```
{'Connection': 'keep-alive', 'Server': 'Cowboy',
'Date': 'Sun, 25 Feb 2018 08:10:10 GMT',
'Content-Length': '506', 'Content-Type': 'text/html; charset=utf-8',
'Cache-Control': 'no-cache, no-store'}
```

此时可以看到服务器返回的响应头信息。

3.4.3 响应接收

HTTP 响应由 3 部分组成:状态行、响应头、响应正文。当使用 requests.* 发送请求时,requests 首先构建一个 requests 对象,该对象会根据请求方法或相关参数发起 HTTP 请求。一旦服务器返回响应,就会产生一个 response 对象,该响应对象包含服务器返回的所有信息,也包含原本创建的 request 对象。

对于响应状态码,可以访问响应对象的 status_code 属性,代码如下所示:

```
import requests
ret = requests.get("http://httpbin.org/get")
print(ret.status_code)          # 正常访问返回 200 状态码
```

对于响应正文,可以通过多种方式读取,如下所示:
- 普通响应,通过 ret.text 获取
- JSON 响应,通过 ret.json 获取
- 二进制内容响应,通过 ret.content 获取

首先查看如何读取 unicode 形式的响应,代码如下所示:

```
import requests
r = requests.get("https://github.com/timeline.json")
print(r.text)
print(r.encoding)
```

运行该程序,结果如下所示:

```
{"message":"Hello there, wayfaring stranger. If you're reading this then you
probably didn't see our blog post a couple of years back announcing that this
API would go away: http://git.io/17AROg Fear not, you should be able to get
what you need from the shiny new Events API
instead.","documentation_url":"https://developer.github.com/v3/activity/e
vents/#list-public-events"}
utf-8
```

上述结果表明 requests 自动将服务器内容解码。

在默认情况下,除了 HEAD 请求,requests 会自动处理所有的重定向,使用响应对象的 history 属性可以追踪重定向。response.history 是一个列表,该列表以请求的时间顺序进行排列。使用示例代码如下所示:

```
import requests
headers = {'User-Agent': 'Mozilla/5.0 (Windows NT 6.1; Win64; x64; rv:61.0)
    Gecko/20100101 Firefox/61.0'}
r = requests.get('https://toutiao.io/k/c32y51', headers = headers)
print(r.status_code)        #查看状态码
print(r.url)                #查看链接
print(r.history)            #查看对象列表信息
print(r.history[0].text)    #查看第一条具体信息
```

运行结果如下所示:

```
200
https://www.jianshu.com/p/490441391db6?hmsr=toutiao.io&utm_medium=toutiao
.io&utm_source=toutiao.io
[<Response [302]>, <Response [301]>]
<html><body>You are being <a
href="http://www.jianshu.com/p/490441391db6?hmsr=toutiao.io&amp;utm_mediu
m=toutiao.io&amp;utm_source=toutiao.io">redirected</a>.</body></html>
```

requests 库还可以发送 Cookie 到服务器,代码如下所示:

```
import requests
url = 'http://httpbin.org/cookies'
cookies = dict(key1 = 'value1')
ret = requests.get(url,cookies = cookies)
print(ret.text)
```

运行结果如下所示：

```
{
  "cookies": {
    "key1": "value1"
  }
}
```

结果表明服务器已经读取到了 Cookie 信息。

3.4.4 会话对象

在前面讲解 Cookie 时已经知道 HTTP 协议是无状态协议。为此，requests 提供了会话对象 Session，该对象可以跨请求保持某些参数，也可以在同一个 Session 实例发出的所有请求之间保持 Cookie。

下面通过一个示例演示跨请求保持 Cookie，具体代码如下所示：

```
import requests
s = requests.session()
ret = s.get('http://httpbin.org/cookies/set/sessioncookie/this_is_cookie')
print(ret)
ret2 = s.get('http://httpbin.org/cookies')
print(ret2.text)
```

运行程序，结果如下所示：

```
<Response [200]>
{
  "cookies": {
    "sessioncookie": "this_is_cookie"
  }
}
```

上述示例中有两次请求：第一次请求使用 Session 会话对象发送 get 请求，并设置好 Cookie；第二次请求使用 Session 发出另一次 get 请求，用于获取 Cookie。从运行结果可见 Cookie 信息得到了保持。

3.5 本章小结

本章较为详细地介绍了 Python 网络爬虫中实现 HTTP 请求的两种方式，以及请求出现异常的处理方式。本章知识点很重要，大家需掌握 urllib 库的使用方法，requests 库的使用,以及请求的异常处理。学习完本章内容,大家一定要动手进行实践,为后面的学习打好基础。

3.6 习 题

1. 填空题

(1) 在 Python 3 中,Python 2 的 urllib2 库更名为_____。

(2) 使用_____方法可打开并爬取一个网页。

(3) 状态码 301 的含义是_____。

(4) 方法 urllib.request.urlopen()中的 3 个参数是_____、_____、_____。

(5) 使用 timeout 参数的作用是_____。

2. 选择题

(1) 下列选项中,不属于 HTTP 请求方式的是( )。
    A. GET   B. POST   C. HEAD   D. REQUEST

(2) 下列选项中,不属于获取代理 IP 的方式的是( )。
    A. IP 代理池   B. 翻墙   C. ADSL 宽带拨号 D. VPN

(3) 下列选项中,( )可以表示网页找不到的状态码。
    A. 200   B. 404   C. 301   D. 501

(4) 在 Python 3 中,( )用于导入处理 url 异常的模块。
    A. import urllib.error   B. import urllib.parse
    C. import re   D. import sys

(5) 下列选项中,产生 URLError 的原因是( )。(多选)
    A. 连接不到指定服务器   B. 服务器无响应
    C. 网络无连接   D. 磁盘出错

3. 思考题

(1) 简述 GET 与 POST 这两种请求方式。

(2) 简述 URLError 异常与 HTTPError 异常的区别。

4. 编程题

使用 requests 库爬取并打印出千锋官网(http://www.1000phone.com)的网页数据。

第 4 章　网络爬虫实例

本章学习目标
- 掌握图片爬虫。
- 掌握链接爬虫。
- 掌握文字爬虫。
- 掌握多线程爬虫。

通过前几章的学习,相信大家对网络爬虫的基础知识已有所掌握,本章将为大家介绍几个常用的 Python 网络爬虫小项目,包括图片、链接、文字以及多线程爬虫等。

4.1　图片爬虫实例

图片爬虫就是爬取网页上的图片并将其保存到本地的一种爬虫。本节将通过爬取淘宝搜索页面中的商品图片,来实现一个简单的图片爬虫。

首先打开淘宝搜索首页(https://s.taobao.com/search?),如图 4.1 所示。

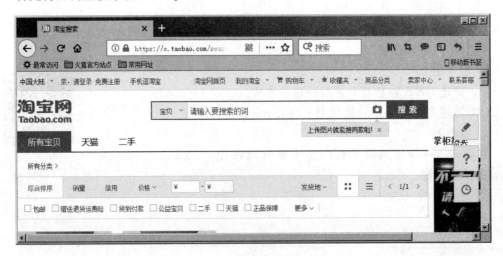

图 4.1　淘宝搜索页面

在搜索框中搜索"笔记本电脑",并观察 URL 的变化。因为本项目不止爬取第一页商品的图片,所以在观察 URL 变化的同时还要提取出页面变化时对应的页数参数信息。把搜索到的页面结果的前 4 页 URL 复制到文本中,如下所示:

第一页
https://s.taobao.com/search?ie＝utf8&initiative_id＝staobaoz_20180808&stats_click＝search_radio_all％3A1&js＝1&imgfile＝&q＝％E7％AC％94％E8％AE％B0％E6％9C％AC％E7％94％B5％E8％84％91&suggest＝history_1&_input_charset＝utf－8&wq＝&suggest_query＝&source＝suggest

第二页
https://s.taobao.com/search?ie＝utf8&initiative_id＝staobaoz_20180808&stats_click＝search_radio_all％3A1&js＝1&imgfile＝&q＝％E7％AC％94％E8％AE％B0％E6％9C％AC％E7％94％B5％E8％84％91&suggest＝history_1&_input_charset＝utf－8&wq＝&suggest_query＝&source＝suggest&p4ppushleft＝5％2C48&s＝48

第三页
https://s.taobao.com/search?ie＝utf8&initiative_id＝staobaoz_20180808&stats_click＝search_radio_all％3A1&js＝1&imgfile＝&q＝％E7％AC％94％E8％AE％B0％E6％9C％AC％E7％94％B5％E8％84％91&suggest＝history_1&_input_charset＝utf－8&wq＝&suggest_query＝&source＝suggest&p4ppushleft＝5％2C48&s＝96

第四页
https://s.taobao.com/search?ie＝utf8&initiative_id＝staobaoz_20180808&stats_click＝search_radio_all％3A1&js＝1&imgfile＝&q＝％E7％AC％94％E8％AE％B0％E6％9C％AC％E7％94％B5％E8％84％91&suggest＝history_1&_input_charset＝utf－8&wq＝&suggest_query＝&source＝suggest&p4ppushleft＝5％2C48&s＝144

仔细观察这 4 页 URL 的变化,发现从第 2 页开始每增加一页,最后一个参数 s 的值就有规律的增加 48,猜测 s 可能代表页数,将 s 的值改为 0,具体地址如下所示:

https://s.taobao.com/search?q＝％E7％AC％94％E8％AE％B0％E6％9C％AC％E7％94％B5％E8％84％91&imgfile＝&ie＝utf8&p4ppushleft＝5％2C48&s＝0

将上述 URL 放入地址栏中验证会发现页面正是"笔记本电脑"商品页面的第 1 页,由此可知页数是通过参数 s 控制,到达下一页只需要在 s 值上加 48 即可。参数 q 是搜索关键字,即用户想要搜索的商品名称。经过分析,淘宝搜索网址中的关键信息为"https://s.taobao.com/search?q＝％E7％AC％94％E8％AE％B0％E6％9C％AC％E7％94％B5％E8％84％91&imgfile＝&ie＝utf8&p4ppushleft＝5％2C48&s＝0"。为确保分析出的网址的正确性,将此网址中 s 参数改为 192,在浏览器中输入该网址并观察对应结果,可以发现,此时展示的商品列表页为第 5 页,如图 4.2 所示。

由此可总结出自动获取多个网页的方法:使用 for 循环实现,每次循环后对应网址中 s 参数的值加 48 即可自动切换到下一页。

在爬取页面时,需提取每一个页面中对应的图片,然后使用正则表达式匹配源码中图片的链接部分,最后通过 urllib.request.urlretrieve()将对应链接的图片保存到本地。图片的链接地址可在页面源代码中得到。

右击,选择"查看页面源代码"命令,结果如图 4.3 所示。

在源码中可通过商品列表中的第一个商品名快速定位源码中第一张图片的对应位置。在本次搜索中出现的第一个商品名称为"神舟 战神 Z7-KP7GC",定位后可以看到在商品名称后有"pic_url:"代码,其对应的值即图片地址。为了验证该图片地址,将其前面加上"http:"后在浏览器地址栏中打开,即"http://g-search2.alicdn.com/img/bao/uploaded/i4/

图 4.2　验证 s 参数控制页数

图 4.3　页面源代码

TB1yTRgiY3nBKNjSZFMXXaUSFXa.jpg",打开后可以看到出现了与搜索结果中第一个商品一样的图片。

找到第一张图片地址后,用同样的办法找到第二张图片的地址,并与第一张图片的地址进行对比,会发现每一张图片的地址都在"pic_url:"中,因此可通过正则表达式"pic_url":"//(.*?)""获取网页中全部的图片链接。

接下来展示代码实现,如例 4-1 所示。

【例 4-1】　爬取淘宝搜索商品图片。

```
1  # 导入请求、报错模块 & 正则表达式类库
2  import urllib.request
3  import re
```

```
4   # 定义搜索词并将搜索词转码,防止报错
5   key_name = urllib.request.quote("笔记本电脑")
6   # 定义函数,将爬取到的每一页的商品 url 写入到文件
7   def savefile(data):
8       # 桌面上的 taobao_url 文本
9       path = "C:/Users/Administrator/Desktop/taobao_url.txt"
10      file = open(path,"a")
11      file.write(data + "\n")
12      file.close()
13  # 外层 for 循环控制爬取的页数 将每页的 url 写入到本地
14  for p in range(0,6):
15      # 拿到每页 url
16      url = "https://s.taobao.com/search?q = " + key_name + \
17            "&imgfile = &ie = utf8&p4ppushleft = 5 % 2C48" + "&s = " + str(p * 48)
18      # 拿到每页源码
19      data1 = urllib.request.urlopen(url).read().decode("utf - 8")
20      # 调用函数 savefile,将每页 url 存入到指定 path
21      savefile(url)
22      # 定义匹配规则
23      pat = 'pic_url":"//(.*?)"'
24      # 匹配到的所有图片 url
25      img_url = re.compile(pat).findall(data1)
26      print(img_url)
27      # 内层 for 循环将所有图片写到本地
28      for a_i in range(0,len(img_url)):
29          this_img = img_url[a_i]
30          this_img_url = "http://" + this_img
31          # 每张图片的 url
32          print(this_img_url)
33          # 定义存取本地图片路径【retrieve()不会再本地建立文件夹因此需要手建】
34          img_path = "D:/imagetb" + str(p) + str(a_i) + ".jpg"
35          urllib.request.urlretrieve(this_img_url,img_path)
```

运行该程序,等待几分钟后,在本地目录"D:/imagetb/"下会保存名称为"页数+顺序号.jpg"的图片,如图 4.4 所示。

例 4-1 的编写思路与过程如下:

(1) 建立一个爬取图片链接的自定义函数 savefile(),该函数负责爬取一个页面下所有符合条件的图片 URL 并保存到本地。

(2) 通过对设定爬取的页数进行 for 循环,根据每次 for 循环的次数得到 URL 的真实地址,然后通过 urllib.request.urlopen(url).read()读取对应网页的全部源代码,在得到的源代码中匹配图片地址的正则表达式,并将这些链接地址存储到一个列表中。随后遍历该列表,分别将对应链接通过 urllib.request.urlretrieve(url,filename=)存储到本地。

其实例 4-1 中的代码存在缺陷,为避免程序中途异常崩溃的情况,在保存图片到本地时需要建立异常处理,具体代码如下所示:

图 4.4　图片爬虫运行结果

```
try:
    urllib.request.urlretrieve(img_url, filename = file_name)
except urllib.error.URLError as e:
    if hasattr(e, "code"):
        print("e.code-----", e.code)
    if hasattr(e, "reason"):
        print("e.reason", e.reason)
```

需要说明的是，在多次爬取图片后，可能运行设备的 IP 地址会被封杀掉，此时的解决办法是使用代理 IP 地址来爬取，关于如何使用代理 IP 地址在第 3 章中已有介绍，大家自己动手练习即可。

通过这个简单的图片爬虫项目的学习，相信大家已经初步学会了如何编写一个图片网络爬虫项目，希望大家能动手练习本项目。

4.2　链接爬虫实例

本节讲解 Python 链接爬虫，即如何把一个网页中所有的链接地址提取出来，具体操作步骤如下所示：

(1) 确定需要爬取的入口链接；

(2) 根据需求构建正则表达式；

(3) 模拟浏览器发出请求；

(4) 根据正则表达式提取网页中的链接；

(5) 筛选过滤。

现需要获取 http://www.1000phone.com 网页上所有的链接,通过 Python 链接网络爬虫实现,具体如例 4-2 所示。

【例 4-2】 链接网络爬虫爬取 http://www.1000phone.com

```
1   import urllib.request
2   import re
3   def getlink(url):
4       #模拟浏览器
5       headers = ("User-Agent","Mozilla/5.0 (Windows NT 6.1; Win64; x64;
6           rv:60.0)Gecko/20100101 Firefox/60.0")
7       opener = urllib.request.build_opener()
8       opener.addheaders = [headers]
9       #将 opener 安装为全局
10      urllib.request.install_opener(opener)
11      file = urllib.request.urlopen(url)
12      data = str(file.read())
13      #根据需求构建正则表达式
14      pat = '(https?://[^\s";]+\.(\w|/)*)'
15      link = re.compile(pat).findall(data)
16      #使用 set 函数天然去重复元素
17      link = list(set(link))
18      return link
19  #指定需要爬取的网页
20  url = 'http://www.1000phone.com/'
21  #获取对应网页中包含的链接地址
22  linklist = getlink(url)
23  #遍历列表结果分别输出
24  for link in linklist:
25      print(link[0])
```

运行结果如图 4.5 所示。

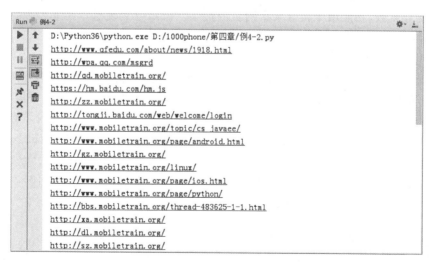

图 4.5 千锋首页的所有链接

图4.5中限于篇幅没有全部展示出千锋首页的所有链接。例4-2中定义了函数getlink(url)，该函数专门负责爬取对应URL网页上的所有链接。首先设置header信息模拟成浏览器，接着读取网页的源代码，根据构建的正则表达式通过re.compile(pat).findall(data)提取出该页面中的所有链接。此时提取的数据很可能存在重复，所以通过list(set(link))函数的天然去重复特征过滤掉重复的链接，最后返回该列表。在该函数外设置好要爬取的网页链接，随后调用getlink(url)函数即可。

在本例的getlink(url)函数中，将爬虫通过设置header等信息模拟成浏览器。由于网站的反爬机制，如果只用urllib.request.urlopen(url)方式打开一个url，网站服务器端只会收到对于网页访问的请求，该请求中并不包含浏览器、操作系统、硬件平台等信息，而缺少这些请求的往往都是非正常访问，比如爬虫等。有些网站为了防止这种不正常的访问，会验证请求信息中的User-Agent(包含硬件平台、系统软件、应用软件以及用户偏好设置等信息)，如果User-Agent存在异常或者不存在，那么本次请求就会被拒绝。通常由于User-Agent问题被拒绝，返回的错误码是403。

由例4-1与例4-2可以看出，正则表达式在此类爬虫中有着举足轻重的作用。例4-2中提取链接的正则表达式为'(https?://[^\s)";]+\.(\w|/)*)'，确定其简单版链接的基本格式为：http://xxx.yyy，其中xxx和yyy均代表可变化部分。针对该简单版本完善，首先协议部分是http或者https，此时s可有可无，然后xxx部分不可以出现空格，不可以出现双引号，也不可以出现分号；yyy部分是一些非特殊字符，也可以是"/"符号。当然，该正则表达式还有待完善的空间，在正则表达式的思维中，只有更好，没有最好。

4.3 文字爬虫实例

Python网络爬虫不仅仅可以爬取图片、链接，还可以爬取网页上的文字。文字网络爬虫的实现思路以及实现方法具体步骤如下所示：

(1) 分析各网页间的网址规律，构造网址变量，通过for循环实现多页内容爬取。

(2) 构建函数，功能用于爬取某个网页的文字。该函数实现过程是先模拟浏览器发出请求，然后观察网页源码中内容，根据文字内容部分的格式构造相应的正则表达式，随后根据正则表达式提取出该网页中所有文字内容。

本节以爬取"糗事百科"中的文字为例。"糗事百科"上的文字内容除了段子外还有用户信息，因此在观察网页源代码时还需要考虑提取用户信息。首先打开"糗事百科"网站首页https://www.qiushibaike.com/，观察用户以及用户发出的内容样式，如图4.6所示。

右击选择"查看网页源代码"命令，发现每个用户名称都在标签<h2></h2>中，用户发出的段子内容都在标签<span></span>中，可通过构造正则表达式'<h2>(.*?)</h2>'获取用户名，通过表达式'<span>(.*?)</span>'获取段子内容。具体代码如例4-3所示。

【例4-3】 爬取"糗事百科"文字内容。

```
1    import urllib.request
2    import re
3    def getcontent(url,page):
4        #模拟浏览器
```

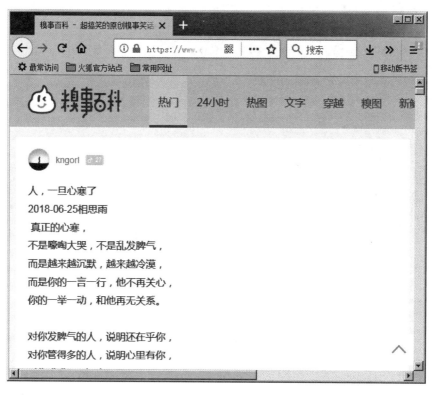

图 4.6 "糗事百科"首页信息

```
 5    headers = ("User-Agent","Mozilla/5.0 (Windows NT 6.1; Win64; x64;
 6        rv:60.0)Gecko/20100101 Firefox/60.0")
 7    opener = urllib.request.build_opener()
 8    opener.addheaders = [headers]
 9    #安装全局 opener
10    urllib.request.install_opener(opener)
11    data = urllib.request.urlopen(url).read().decode("utf-8")
12    #构建提取用户的正则表达式
13    userpat = '<h2>(.*?)</h2>'
14    #构建提取段子的正则表达式
15    contentpat = '<span>(.*?)</span>'
16    #找出所有的用户,re.S 等同于 "." (不包含双引号),作用扩充到整个字符串
17    userlist = re.compile(userpat,re.S).findall(data)
18    #找出所有段子内容
19    contentlist = re.compile(contentpat,re.S).findall(data)
20    x = 1
21    #for 循环遍历段子内容且分别将内容赋值给对应的变量
22    for content in contentlist:
23        content = content.replace("\n","")
24        #用字符串作为变量名,先将对应字符串赋值给变量
25        name = "content" + str(x)
26        #通过 exec()函数实现用字符串作为变量名并赋值
27        exec(name + '= content')
```

```
28          x += 1
29          y = 1
30      # 通过for循环遍历用户,并输出该用户对应的内容
31      for user in userlist:
32          name = "content" + str(y)
33          print("用户" + str(page) + str(y) + "是: " + user)
34          print("内容是: ")
35          exec("print(" + name + ")")
36          print("\n")
37          y += 1
38  # 分别获取各页的段子,通过for循环获取
39  for i in range(1,30):
40      url = "http://www.qiushibaike.com/8hr/page/" + str(i)
41      getcontent(url,i)
```

运行结果如图 4.7 所示。

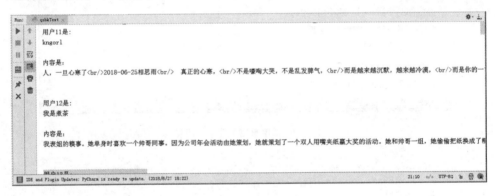

图 4.7 爬取的"糗事百科"段子

通过例 4-3 的程序,首先自定义了一个函数 getcontent(url,page)用来爬取"糗事百科"首页上的段子,该函数功能实现的过程是先模拟浏览器访问,然后根据网页源码构造提取用户名和段子的正则表达式,再通过 for 循环遍历段子内容并将内容分别赋值给对应的变量,这里的变量名是有规律的,格式为"content+顺序号",接下来再通过 for 循环遍历对应用户,并输出该用户对应的内容。

通过上面 3 个项目的学习,相信大家已经发现,编写这些爬虫的思路基本是一致的,只是具体细节有所不同。希望大家可以认真练习上面 3 个项目的代码,以便更好地掌握 Python 网络爬虫的编写。

4.4 微信文章爬虫

本节为大家介绍一个爬取微信文章的爬虫,该爬虫的功能是通过搜索与某个关键词相关的微信公众平台文章,并将这些文章的标题与内容以 HTML 的形式保存到本地。

以搜狗的微信搜索平台(http://weixin.sogou.com/)为入口,如图 4.8 所示。

与爬取淘宝搜索商品图片一样,输入需要搜索的关键字后开始分析网址,比如输入"爬

图 4.8 微信搜索

虫"并开始搜索后,前 3 页网址的具体内容如下所示:

第一页
http://weixin.sogou.com/weixin?type = 2&query = % E7 % 88 % AC % E8 % 99 % AB&ie = utf8
&s_from = input&_sug_ = y&_sug_type_ = &w = 01019900&sut = 1377&sst0 = 1533377286160
&lkt = 1 % 2C1533377286057 % 2C1533377286057
第二页
http://weixin.sogou.com/weixin?query = % E7 % 88 % AC % E8 % 99 % AB&_sug_type_ =
&sut = 1377&lkt = 1 % 2C1533377286057 % 2C1533377286057&s_from = input&_sug_ = y
&type = 2&sst0 = 1533377286160&page = 2&ie = utf8&w = 01019900&dr = 1
第三页
http://weixin.sogou.com/weixin?query = % E7 % 88 % AC % E8 % 99 % AB&_sug_type_ =
&sut = 1377&lkt = 1 % 2C1533377286057 % 2C1533377286057&s_from = input&_sug_ = y
&type = 2&sst0 = 1533377286160&page = 3&ie = utf8&w = 01019900&dr = 1

观察上面 3 页网址会发现,第一个网址中含有 type 和 query 字段,第二页和第三页中增加了一个 page 字段,其中 type 字段控制的是检索信息的类型,query 字段是经过编码的关键字信息,page 字段为控制页数,因此网址结构可以构造为以下形式:

http://weixin.sogou.com/weixin?type = 2&query = 关键词 &page = 页码

在得到文章检索列表的网址结构后,还需要提取列表页中的文章网址,以便后面可以根据对应网址爬取文章内容。观察该网页中的第一篇文章网址部分的源代码,具体如下所示:

< div class = "txt - box"><h3><a target = "_blank" href = "http://mp.weixin.qq.com
/s?src = 11&timestamp = 1533377328&ver = 1040&signature = DN7 - h55GEMk
iMIDNQbG7HFbMJxskTRGBfqBknWQSQ7BJShGafNQvGH - 0nhXzdQ - nkTJNuJJP0a * P30sQJjiJ
HBy * RHjNpH * F * s8T3e7ZxUcuBjWj1i4Nh0X8D - W58wE0&new = 1"id = "sogou_vr_11002
601_title_0" uigs = "article_title_0" data - share = "http://weixin.sogou.com/
api/share?timestamp = 1533377328&signature = qIbwY * nI6KU9tBso4VCd8lYSesxO
YgLcHX5tlbqlMR8N6flDHs4LLcFgRw7FjTAOL84YqNadLQbOP2kLzeSXg42xKPjfOjB5HhrM9
TPeVO8LoRohYbIAdu * uCgBCnYKPTO * zGk7NwHTVNDegy7M4sjKIC9HeyQkMr4hDHQ1TrSTIf -
* PHp0rcATIlNwg * p1JfpMYW8CJ3bBJYTsjpCRfiLJPuFh75B4eHXwMbbrvsdA = "><!--r
ed_beg-->爬虫<!-- red_end-->学到什么程度可以去找工作</a></h3>

从以上可以得出文章网址的正则表达式,具体如下所示:

'<div class="txt-box">.*?(http://.*?)"'

接下来便可以根据相关函数与代码提取出指定页数的文章网址,但是将此时验证匹配出来的网址放入浏览器地址栏会发现有参数错误的提示。通过网页中的链接打开该文章地址,发现真实的URL地址如下:

https://mp.weixin.qq.com/s?src=11&timestamp=1533377328&ver=1040&signature=DN7-h55GEMkiMIDNQbG7HFbMJxskTRGBfqBknWQSQ7BJShGafNQvGH-0nhXzdQ-nkTJNuJJP0a*P30sQJjiJHBy*RHjNpH*F*s8T3e7ZxUcuBjWj1i4Nh0X8D-W58wE0&new=1

网址中的 timestamp 字段代表时间戳,分析时可以忽略,仔细对比提取出来的网址和真实的网址,会发现真实的网址中并没有"&"字符串,因此通过 url.replace("amp;", "")去掉多余的字符串即可。

有了文章网址后,就可以根据对应的文章网址爬取相应的网页。同样,通过观察文章页与文章页源代码之间的对应关系,可以构建出文章标题和内容对应的正则表达式。

接下来展示本爬虫的具体代码,如例4-4所示。

【例4-4】 爬取微信文章。

```
1   import re
2   import urllib.request
3   import time
4   import urllib.error
5   #获取网页
6   def downloader(url):
7       headers = ("User-Agent", "Mozilla/5.0 (Windows NT 6.1; Win64; x64;
8           rv:60.0) Gecko/20100101 Firefox/60.0")
9       opener = urllib.request.build_opener()
10      opener.addheaders = [headers]
11      urllib.request.install_opener(opener)
12      try:
13          data = urllib.request.urlopen(url).read()
14          data = data.decode('utf-8')
15          return data
16      except urllib.error.URLError as e:
17          if hasattr(e, "code"):
18              print(e.code)
19          if hasattr(e, "reason"):
20              print(e.reason)
21          time.sleep(10)
22      except Exception as e:
23          print("exception:" + str(e))
24          time.sleep(1)
25  def getlisturl(key, pagestart, pageend):
26      try:
27          page = pagestart
```

```
28          keycode = urllib.request.quote(key)
29          pagecode = urllib.request.quote("&page")
30          for page in range(pagestart, pageend + 1):
31              url = "http://weixin.sogou.com/weixin?type = 2&query = " + keycode +
32                  pagecode + str(page)
33              data1 = downloader(url)
34              listurlpat = '<div class = "txt - box">. * ?(http://. * ?)"'
35              data2 = re.compile(listurlpat, re.S)
36              result = data2.findall(data1)
37              listurl.append(result)
38              #print(listurl)
39          print("共获取到" + str(len(listurl)) + "页")
40          return listurl
41      except urllib.error.URLError as e:
42          if hasattr(e, "code"):
43              print(e.code)
44          if hasattr(e, "reason"):
45              print(e.reason)
46          time.sleep(10)
47      except Exception as e:
48          print("exception:" + str(e))
49          time.sleep(1)
50  def getcontent(listurl):
51      i = 0
52      html1 = '''<!DOCTYPE html PUBLIC " - //W3C//DTD XHTML 1.0 Transitional//EN"
53          "http://www.w3.org/TR/xhtml1/DTD/xhtml1 - transitional.dtd">
54  <html xmlns = "http://www.w3.org/1999/xhtml">
55  <head>
56  <meta http - equiv = "Content - Type" content = "text/html; charset = utf - 8" />
57  <title>微信文章页面</title>
58  </head>
59  <body>'''
60      fh = open("D:/pythonSpiderFile/weixin.html", "wb")
61      fh.write(html1.encode("utf - 8"))
62      fh.close()
63      fh = open("D:/pythonSpiderFile/weixin.html", "ab")
64      for i in range(0, len(listurl)):
65          for j in range(0, len(listurl[i])):
66              try:
67                  url = listurl[i][j]
68                  url = url.replace("amp;", "")
69                  data = downloader(url)
70                  titlepat = "<title>(. * ?)</title>"
71                  contentpat = 'id = "js_content">(. * ?)id = "js_sg_bar"'
72                  title = re.compile(titlepat).findall(data)
73                  content = re.compile(contentpat, re.S).findall(data)
74                  if (title != []):
75                      thistitle = title[0]
76                  else:
77                      thistitle = ""
```

```
78              if (content != []):
79                  thiscontent = content[0]
80              else:
81                  thiscontent = ""
82              dataall = "<p>标题为:" + thistitle + "</p><p>内容为:" + \
83                  thiscontent + "</p><br>"
84              fh.write(dataall.encode("utf - 8"))
85              print("第" + str(i+1) + "个网页第" + str(j+1) + "条内容保存")
86         except urllib.error.URLError as e:
87             if hasattr(e, "code"):
88                 print(e.code)
89             if hasattr(e, "reason"):
90                 print(e.reason)
91             time.sleep(10)
92         except Exception as e:
93             print("exception:" + str(e))
94             time.sleep(1)
95     fh.close()
96     html2 = '''</body>
97     </html>
98     '''
99     fh = open("D:/pythonSpiderFile/weixin.html", "ab")
100    fh.write(html2.encode("utf - 8"))
101    fh.close()
102 if __name__ == '__main__':
103     listurl = list()
104     key = str(input('请输入要查询的关键词:'))
105     pagestart = 1
106     pageend = int(input('请输入结束页码(每页保存 10 条内容)'))
107     listurl = getlisturl(key, pagestart, pageend)
108     getcontent(listurl)
```

运行程序,结果如图 4.9 所示。

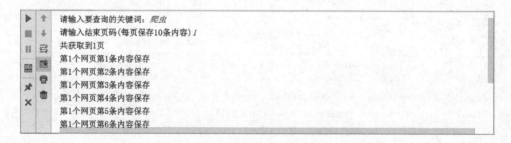

图 4.9 例 4-4 运行结果

在 D 盘的 pythonSpiderFile 目录下使用浏览器打开名称为 weixin.html 的文件,如图 4.10 所示。

例 4-4 中定义了 3 个函数,自定义函数 downloader()是通过模拟浏览器对网站内容进行爬取,getlisturl()函数实现获取多个页面的所有文章链接的功能,getcontent()函数实现根据文章链接爬取指定标题和内容并写入对应文件中的功能。

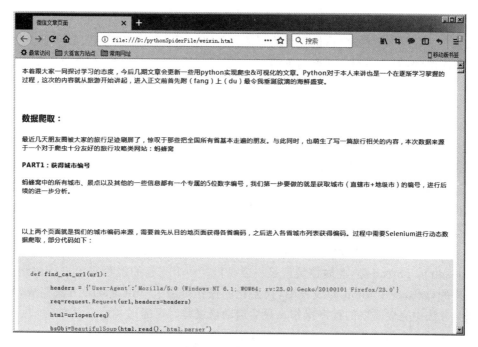

图 4.10　保存的结果

当使用本机 IP 地址频繁爬取该网页数据时很可能会被封杀，此时可使用代理 IP 地址的方式代替本机 IP 来爬取网页数据，具体代码如下所示：

```python
#使用代理IP,防止网站封杀
def use_proxy(proxy_addr, url):
    headers = ("User-Agent", "Mozilla/5.0 (Windows NT 6.1; Win64; x64;
     rv:60.0)Gecko/20100101 Firefox/60.0")
    opener = urllib.request.build_opener()
    opener.addheaders = [headers]
    urllib.request.install_opener(opener)
    try:
        #构建一个代理IP对象
        proxy = urllib.request.ProxyHandler({'http':proxy_addr})
        opener = urllib.request.build_opener(proxy,
         urllib.request.HTTPHandler)
        urllib.request.install_opener(opener)
        data = urllib.request.urlopen(url).read().decode('utf-8')
        return data
    except urllib.error.URLError as e:
        if hasattr(e, "code"):
            print(e.code)
        if hasattr(e, "reason"):
            print(e.reason)
        time.sleep(10)
    except Exception as e:
        print("exception:" + str(e))
        time.sleep(1)
```

使用 use_proxy()函数时要注意构建代理 IP 对象的方法 urllib.request.ProxyHandler()。

大家在学习完本节内容后,最重要的是掌握程序分析过程以及程序设计步骤,网页结构随时都可能改变,但学会如何分析网页结构并能找到需要爬取的信息,就能真正掌握爬虫这门技能。

4.5 多线程爬虫及实例

多线程爬虫是指爬虫中某部分程序可以并行执行,即在多条线上执行,这种执行结构称为多线程结构,对应的爬虫称为多线程爬虫。前面介绍的几个爬虫实例都是单线程爬虫,多线程爬虫与单线程爬虫相比,最直接的优势就是效率的提高,尤其对耗时较长的爬虫,其执行效率会大大提高。

在 Python 中使用多线程的方式很简单,首先需导入 threading 模块,然后定义一个类并继承 threading.Thread 类,此时该类就是一个线程。一个完整的线程需要进行初始化以及完成相应的操作,在 Python 的线程中,初始化的操作可通过_init_(self)方法完成,然后在 run(self)方法中完成需要的程序操作。最后启动该线程时可通过 start()方法完成。

下面通过一个示例实现一个简单的多线程功能。

```python
import threading
class A(threading.Thread):
    def __init__(self):
        #初始化线程
        threading.Thread.__init__(self)
    def run(self):
        #执行操作
        for i in range(10):
            print("线程 A")
class B(threading.Thread):
    def __init__(self):
        threading.Thread.__init__(self)
    def run(self):
        for i in range(10):
            print("线程 B")
#实例化线程 A
a = A()
#启动线程 A
a.start()
#实例化线程 B
b = B()
#启动线程 B
b.start()
```

运行该程序,结果如图 4.11 所示。

从图 4.11 中可以看出,线程 A 与线程 B 是并行执行的。

线程的启动除了上面介绍的方法外还有一种较为简单的方法,具体代码如下所示:

图 4.11 双线程运行结果

```
def threadA(name):
        for i in range(10):
            print(name)
def threadB(name):
        for i in range(10):
            print(name)
if __name__ == '__main__':
        a = threading.Thread(target = threadA, args = ("线程 A",))
        b = threading.Thread(target = threadB, args = ("线程 B",))
        a.start()
        b.start()
```

运行该程序,会发现与图 4.11 中相同的结果,证明同样启动了两个线程,注意 threading.Thread(target,args)中第一个参数是自定义函数名,第二个参数是自定义函数的参数。在接下来的项目介绍中将会使用到第二种启动线程的方式。

与多线程配合使用的往往还有队列,队列是一种只允许在一端进行插入操作,而在另一端进行删除操作的线性表。在 Python 文档中搜索队列(queue)会发现,Python 标准库中包含了 4 种队列,分别是 queue.Queue、asyncio.Queue、multiprocessing.Queue、collections.deque。

这里主要介绍 queue.Queue 的使用,首先通过导入 queue 模块来实现对应队列的功能。导入后通过 queue.Queue()实例化一个队列对象,并且通过队列对象的 put()方法实现一个数据入队列的操作,每次入完队列之后,可以通过 task_done()方法表示该次入队列任务完成;如果要出队列,则可以通过队列对象的 get()方法实现。

简单介绍多线程以及队列的知识后,下面通过一个实例讲解如何使用多线程爬虫读取网址 http://www.pythontab.com/html/pythonjichu/中多个网页的内容,注意本例中只是通过 urllib.request.urlopen(url)读取多个网页内容,并没有爬取到本地。具体代码如例 4-5 所示。

【例 4-5】 多线程爬虫读取多个网页内容。

```
1   import threading, queue, time, urllib
2   import urllib.request
3   baseUrl = 'http://www.pythontab.com/html/pythonjichu/'
```

```
4   urlQueue = queue.Queue()
5   for i in range(2, 10):
6       url = baseUrl + str(i) + '.html'
7       #将url放入队列中
8       urlQueue.put(url)
9   def fetchUrl(urlQueue):
10      while True:
11          try:
12              #不阻塞的读取队列数据
13              url = urlQueue.get_nowait()
14              #返回队列的大小
15              i = urlQueue.qsize()
16          except Exception as e:
17              break
18          print('Current Thread Name:%s, Url:%s'%
                  (threading.currentThread().name, url))
19          try:
20              data = urllib.request.urlopen(url)
21              responseCode = data.getcode()
22          except Exception as e:
23              continue
24          if responseCode == 200:
25              #抓取到的数据data可放到这里处理
26              #为了突出效果,设置延时
27              time.sleep(1)
28  startTime = time.time()
29  threads = []
30  #可以调节线程数,进而控制抓取速度
31  threadNum = 4
32  for i in range(0, threadNum):
33      t = threading.Thread(target = fetchUrl, args = (urlQueue,))
34      threads.append(t)
35  for t in threads:
36      t.start()
37  for t in threads:
38      t.join()
39  endTime = time.time()
40  print('Done, Time cost:%s ' % (endTime - startTime))
```

例4-5程序编写的出发点是通过控制线程的启动数量来对比程序运行效率。程序第5行到第8行首先使用for循环在队列中加入8个URL,每个URL对应不同页数的网页,然后定义函数fetchUrl(urlQueue)来依次从队列urlQueue中取出URL并读取网页内容。第13行使用urlQueue.get_nowait()方法不阻塞地(当队列为空时不等待,直接抛出空异常)读取队列数据。第18行用来打印当前线程名称以及读取的URL链接。第27行是为了明显地看出运行效果而延时1秒。在自定义函数fetchUrl()外开始准备启动线程的工作,首先记录程序运行的起始时间,程序结束时记录程序结束时间,不同线程数的程序执行效率是通过程序运行时长来衡量的。第29行定义了一个线程空列表来存放开启的线程。第32行到第34行将开启的线程放入列表。第35行到第36行同时启动开启的线程。第37行到第38行依次执行各个线程的join()方法,该方法可确保主线程最后退出并且各个线程间没有

阻塞。

在程序中通过控制 threadNum 的数量即可控制线程的启动数目,当设置 threadNum＝1 时,运行程序,结果如图 4.12 所示。

图 4.12　单线程运行结果

当设置 threadNum＝2 时,运行程序,结果如图 4.13 所示。

图 4.13　双线程运行结果

当设置 threadNum＝4 时,运行程序,结果如图 4.14 所示。

图 4.14　四线程运行结果

从图 4.12～图 4.14 可以看出,线程数开得越多,程序运行效率就越高。单线程时该程序运行时间为 8 秒多,双线程时运行时间为 4 秒多,而四线程时运行时间为 2 秒多。当然并不是开启的线程数量越多执行效率就越高,在实际开发中要根据项目需求适量选择开启线程数量。

相信大家通过这个例子,可以更好地了解并掌握多线程爬虫。

4.6　本章小结

本章主要介绍了几个常用的 Python 网络爬虫的实战项目,从 5 个案例详细讲解如何使用爬虫自动化获取媒体文件,以及使用多线程爬虫提高程序运行效率。在前 4 个案例中,大家要学会寻找特殊标识,特殊标识要满足唯一性,并且包含要爬取的信息以及尽量少的无关信息。在多线程爬虫中要掌握开启线程的两种方式以及队列的概念。学习完本章内容,大家一定要深入学习关于爬虫代码的编写,为以后的 Python 爬虫学习打下良好的基础。

4.7 习　　题

1. 填空题

(1) 图片爬虫通过_____将图片存储到本地。

(2) 通常由于 User-Agent 问题被拒绝,返回的错误码是_____。

(3) 多线程爬虫中需导入_____模块。

(4) 请求信息中的 User-Agent 包含_____等信息。

(5) 使用代理 IP 爬取网站时,通过_____方法构建一个代理 IP 对象。

2. 选择题

(1) 爬虫中存储爬取的文件时使用的 urllib.request.urlretrieve()方法中,设置文件存放目录的参数是(　　)。

　　A. url　　　　　　B. filename　　　　C. target　　　　　D. args

(2) 使用(　　)函数,可以天然去重复 URL。

　　A. set　　　　　　B. type　　　　　　C. id　　　　　　　D. append

(3) 可通过(　　)提取网页的关键 URL。

　　A. 正则表达式　　 B. 集合　　　　　　C. 去重　　　　　　D. 列表

(4) 由于网站的反爬机制,网络爬虫需要模拟成(　　)。

　　A. 浏览器　　　　 B. B/S　　　　　　 C. Server　　　　　 D. Agent

(5) 启动线程时使用(　　)方法。

　　A. _init_(self)　　 B. run(self)　　　　 C. start()　　　　　 D. threading

3. 思考题

(1) 简述 Python 爬取图片过程。

(2) 简述 Python 中一个线程从创建到启动的过程。

4. 编程题

爬取百度搜索首页(http://www.baidu.com/)中所有的链接。

第 5 章 数 据 处 理

本章学习目标
- 掌握将 HTML 正文内容存储为 JSON 格式。
- 掌握将 HTML 正文内容存储为 CSV 格式。
- 掌握发送邮件模块的使用。
- 掌握使用 pymysql 模块将数据存储到 MySQL 数据库。

在爬虫的开发工作中,必定会遇到数据存储的问题。针对不同的项目背景和开发需求而采用不同的存储方式,不仅可以满足项目开发需求,同时也可以帮助大家提高学习和工作效率。本章主要讲解几种常用的数据存储方式。

5.1 存储 HTML 正文内容

本节内容主要讲解的是将爬取到的 HTML 正文内容存储为 JSON 格式或 CSV (Comma Separated Values,逗号分隔值或字符分隔值)格式。

5.1.1 存储为 JSON 格式

将爬取到的 HTML 内容存储为 JSON 格式,之间必定有转换的过程。Python 中对 JSON 文件的操作分为编码和解码,这两个操作都可以通过引入 json 模块来实现。具体的转换过程如图 5.1 所示。

编码过程是将 Python 对象转化为 JSON 对象的一个过程,常用的两个函数是 dumps()与 dump()。两个函数的唯一区别是 dump()把 Python 对象转换为 JSON 对象,并将 JSON 对象通过 fp 文件流写入文件中,而 dumps()则是生成了一个字符串。dump()与 dumps()的函数原型如下所示:

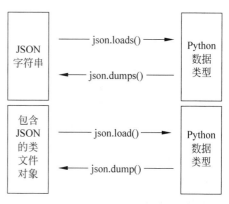

图 5.1 数据类型转换

```
dump(obj, fp, *, skipkeys = False, ensure_ascii = True, check_circular = True,
allow_nan = True, cls = None, indent = None, separators = None,
default = None, sort_keys = False, * * kw)
dumps(obj, *, skipkeys = False, ensure_ascii = True, check_circular = True,
```

```
allow_nan = True, cls = None, indent = None, separators = None,
default = None, sort_keys = False, **kw)
```

常用参数分析：

skipkeys——默认值为 False。如果 dict 的 keys 内的数据不是 Python 的基本类型（str、unicode、int、long、float、bool、None），设置为 False，则会报 TypeError 错误；设置为 True，则会跳过这类 key。

ensure_ascii——默认值为 True。若 dict 内含有非 ASCII 的字符，则会以类似"\uXXX"的格式显示数据，设置成 False 可以正常显示。

indent——非负整型。若为 0 或为空，则一行显示所有的 JSON 数据，否则会换行且按照 indent 的数量显示前面的空白，将 JSON 内容格式化显示。

separators——分隔符。实际上是（item_separator，dict_separator）的一个元组，默认的就是（','，':'），这表示 dict 内 keys 之间用"，"隔开，而 key 和 value 之间用":"隔开。

sort_keys——将数据根据 keys 的值进行排序。

dump()与 dumps()函数的使用如下所示：

```
import json
str = [{"user_name":"小千", "user_age":18}, (2,3), 1]
json_str = json.dumps(str, ensure_ascii = False)
print("json_str == = ", json_str)
with open('C:/Users/Administrator/Desktop/xiaoqian.json', 'w') as fp:
    json.dump(str, fp = fp, ensure_ascii = False)
```

运行程序，打印出的日志与 xiaoqian.json 文件中的内容是相同的，具体如下所示：

```
[{"user_name":"小千", "user_age":18}, [2,3], 1]
```

解码过程是把 JSON 对象转换为 Python 对象的一个过程，常用的两个函数是 load()与 loads()函数，其函数原型如下所示：

```
load(fp, *, cls = None, object_hook = None, parse_float = None,
     parse_int = None, parse_constant = None, object_pairs_hook = None, **kw)
loads(s, *, encoding = None, cls = None, object_hook = None, parse_float = None,
      parse_int = None, parse_constant = None, object_pairs_hook = None, **kw)
```

常用参数分析：

parse_float——将每一个 JSON 字符串按照 float 解码调用，默认情况下相当于 float(num_str)。

parse_int——将每一个 JSON 字符串按照 int 解码调用，默认情况下相当于 int(num_str)。

load()与 loads()函数的使用如下所示：

```
new_str = json.loads(json_str)
print("new_sr == = ", new_str)
```

```
with open('C:/Users/Administrator/Desktop/xiaoqian.json', 'r') as fp:
    print("JSON 文件", json.load(fp))
```

运行程序,输出结果如下所示:

```
new_sr === [{'user_name': '小千', 'user_age': 18}, [2, 3], 1]
JSON 文件 [{'user_name': '小千', 'user_age': 18}, [2, 3], 1]
```

JSON 与 Python 对象的具体转化规则如表 5.1 和表 5.2 所示。

表 5.1 Python→JSON

Python	JSON
dict	object
list,tuple	array
str,unicode	string
int,long,float	number
True	true
False	false
None	null

表 5.2 JSON→Python

JSON	Python
object	dict
array	list
string	unicode
number(int)	int,long
number(real)	Float
true	True
false	False
null	None

以上就是在 Python 中操作 JSON 的全部内容,下面以在拉勾网中搜索招聘 Python 开发工程师的网址"https://www.lagou.com/zhaopin/Python/? labelWords=label"为例,抽取首页中职位名称、招聘公司、薪资、职位详细页面链接等数据,其页面如图 5.2 所示。

图 5.2 拉勾网搜索 Python 的网页

在键盘中按 F12 键进入火狐浏览器调试工具,通过分析可知,需要的数据内容全在标签< div class="list_item_top">中,如图 5.3 所示。

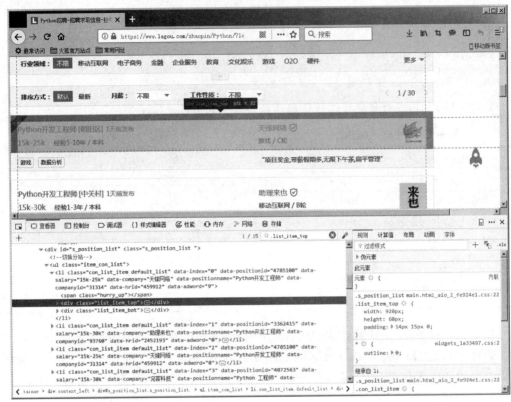

图 5.3　找到数据所在标签

在使用同样的方法获取到对应的职位名称、职位详细页面链接、公司名称以及薪资等数据所在的标签后,接下来可使用 BeautifulSoup 获取这些标签中的内容,如例 5-1 所示。

【例 5-1】　爬取 HTML 内容并存储为 JSON 格式的数据。

```
1   import urllib.request
2   from bs4 import BeautifulSoup
3   import json
4   key_word = 'Python'
5   url = 'https://www.lagou.com/zhaopin/' + key_word + '/?labelWords=label'
6   header = {'User-Agent': 'Mozilla/5.0 (Windows NT 6.1; Win64; x64;
7       rv:60.0) Gecko/20100101 Firefox/60.0'}
8   req = urllib.request.Request(url, headers = header)
9   try:
10      response = urllib.request.urlopen(req).read().decode('utf-8')
11  except urllib.request.URLError as e:
12      if hasattr(e, 'reason'):
13          print(e.reason)
14      elif hasattr(e, 'code'):
```

```
15          print(e.code)
16  #生成 soup 实例
17  soup = BeautifulSoup(response, 'html.parser')
18  #获取 class = 'list_item_top' 的 div 标签内容
19  divlist = soup.find_all('div', class_ = 'list_item_top')
20  #定义空列表
21  content = []
22  #通过循环,获取需要的内容
23  for list in divlist:
24      #职位名称
25      job_name = list.find('h3').string
26      #职位详细页面
27      link = list.find('a', class_ = "position_link").get('href')
28      #招聘的公司
29      company = list.find('div', class_ = 'company_name').find('a').string
30      #薪水
31      salary = list.find('span', class_ = 'money').string
32      print(job_name, company, salary, link)
33      content.append({'job': job_name, 'company': company, 'salary':
34          salary, 'link': link})
35  with open('C:/Users/Administrator/Desktop/lagou.json', 'w') as fp:
36      json.dump(content, fp = fp, ensure_ascii = False, indent = 4)
```

运行上面程序,结果如图 5.4 所示。

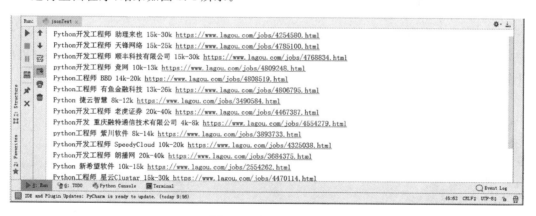

图 5.4　获取到的数据

打开桌面上 lagou.json 文件,如图 5.5 所示。

例 5-1 中,第 5 行到第 8 行代码模拟浏览器访问指定网址(注意这种方式与构建全局 opener 的区别)。第 10 行打开指定网页内容。第 17 行生成 soup 实例,并用标准格式解析。第 19 行获取 class='list_item_top' 的 div 标签内容。第 23 行到第 34 行是在标签 class='list_item_top' 中获取需要的数据,并放入列表 content 中。第 35 行和第 36 行,将 content 内容保存到 lagou.json 文件中。

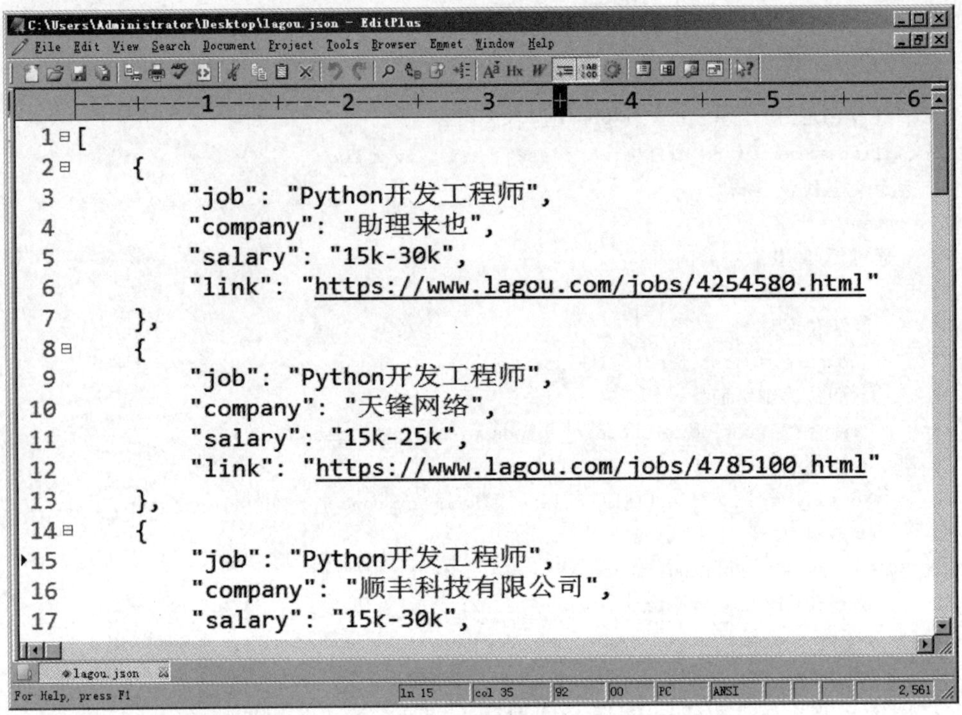

图 5.5 保存为 JSON 格式

5.1.2 存储为 CSV 格式

CSV 是存储表格数据的常用文件格式，许多应用比如办公软件 Excel 都支持 CSV 格式。在 CSV 文件格式中，每一行数据都以换行符分隔；每一列数据间使用逗号分隔（因此叫作逗号分隔符）。

CSV 文件示例如下：

```
ID,Username,age,country
1,小千,18,China
2,小锋,20,China
3,小丁,22,USA
4,小猿,23,Korean
```

使用 Python 的 csv 库可以读写 CSV 文件，例如将数据写到 csvTest.csv 文件中，具体代码如例 5-2 所示。

【例 5-2】将数据写入 CSV 文件中。

```
1  import csv
2  headers = ['ID','Username','age','country']
3  rows = [(1,"小千",18,"China"),
4          (2,"小锋",20,"China"),
5          (3,"小丁",22,"USA"),
```

```
6            (4,"小猿",23,"Korean")
7        ]
8  with open('C:/Users/Administrator/Desktop/csvTest.csv', 'w') as f:
9      f_csv = csv.writer(f)
10     f_csv.writerow(headers)
11     f_csv.writerows(rows)
```

在桌面上新建文件 csvTest.csv,接着运行程序完毕后使用 Excel 打开该文件,结果如图 5.6 所示。

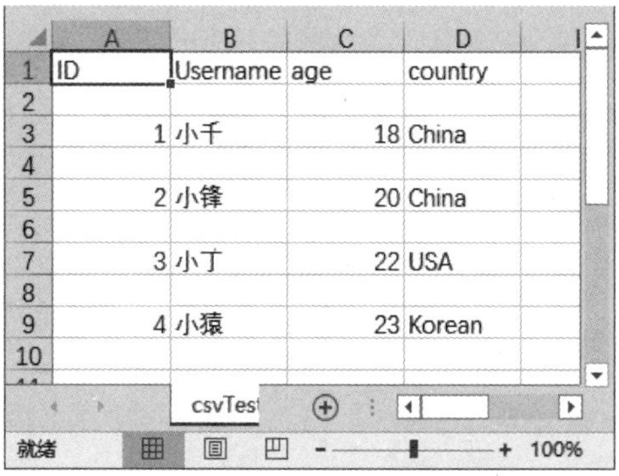

图 5.6 csvTest.csv 内容

在数据采集时常用的功能就是获取 HTML 内容表格并写入 CSV 文件中。下面以抓取网站(https://www.v2ex.com/?tab=all,这是一个汇集各类有趣话题和流行动向的网站)v2ex 的内容为例,将抓取到的数据写入 CSV 文件中。本次目标是爬取全部分类中的文章标题、分类、作者以及文章地址等内容,然后以 CSV 格式保存下来。具体代码如例 5-3 所示。

【例 5-3】 抓取 HTML 内容放入 CSV 文件中。

```
1  import requests, re, csv
2  from bs4 import BeautifulSoup
3  url = "https://www.v2ex.com/?tab=all"
4  html = requests.get(url).text
5  soup = BeautifulSoup(html, 'html.parser')
6  articles = []
7  for article in soup.find_all(class_ = 'cell item'):
8      title = article.find(class_ = 'item_title').get_text()
9      category = article.find(class_ = 'node').get_text()
10     author = re.findall(r'(?<=<a href = "/member/).+(?= "><img)',
           str(article))[0]
11     u = article.select('.item_title > a')
12     link = 'https://www.v2ex.com' + re.findall(r'(?<= href = ").+(?= ")',
           str(u))[0]
13     articles.append([title, category, author, link])
14 with open('D:/v2ex.csv', 'w', encoding = 'gb18030') as f:
15     writer = csv.writer(f)
```

```
16      writer.writerow(['文章标题', '分类', '作者', '文章地址'])
17      for row in articles:
18          writer.writerow(row)
```

运行程序,使用 Excel 打开该 CSV 文件,结果如图 5.7 所示。

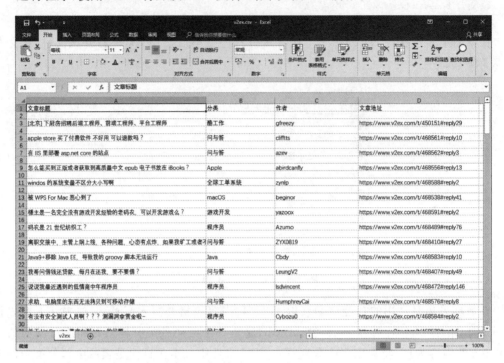

图 5.7   爬取到的 v2ex 网站内容

例 5-3 中的程序编写过程与例 5-1 类似,不同的是本例中使用 requests 库获取网页内容。经过分析后分别在对应的标签下获取到对应的数据,并将全部数据放入 articles 列表中,最后使用第 14 行到第 18 行代码将数据写入 CSV 文件中。需要注意的是,第 14 行使用了编码 gb18030 将数据写入,因为数据中包含简体中文,否则使用 Excel 打开文件时中文部分会乱码。

5.2　存储媒体文件

存储媒体文件的主要方式有获取 URL 链接或者直接下载源文件两种方式。在 5.1 节讲解两种文件格式的例题中,部分文件内容都保存了媒体文件所在的 URL。这样保存文件既可节省磁盘空间(URL 链接比媒体文件要小得多),也可节省流量(只需要链接,不下载文件),服务器压力也会减轻很多。

如果仅保存媒体文件的 URL,就需要考虑盗链的问题。使用站外的 URL 链接被称为盗链,盗链很容易被修改,这样 URL 链接信息会失效。本节内容主要讲解第二种方式的使用——将媒体文件下载到本地。

以爬取天堂网(http://www.ivsky.com/tupian/ziranfengguang/)中自然风景图片为

例,将爬取到的图片保存到指定位置。具体代码如例 5-4 所示。

【例 5-4】 提取图片链接并保存图片到本地。

```
1   import urllib.request
2   from lxml import etree
3   import requests
4   def Schedule(blocknum, blocksize, totalsize):
5       per = 100 * blocknum * blocksize / totalsize
6       if per > 100:
7           per = 100
8       print("下载进度: % d" % per)
9   headers = {'User-Agent':'Mozilla/5.0 (Windows NT 6.1; Win64; x64;
10      rv:60.0) Gecko/20100101 Firefox/60.0'}
11  req = requests.get('http://www.ivsky.com/tupian/ziranfengguang/',
12          headers = headers)
13  #使用 lxml 解析网页
14  html = etree.HTML(req.text)
15  img_urls = html.xpath('.//img/@src')
16  i = 0
17  for img_url in img_urls:
18      urllib.request.urlretrieve(img_url,
19          'D:/my_image/' + 'img' + str(i) + '.jpg', Schedule)
20      i += 1
21      print("----------第",i,"张图片下载完成")
```

运行程序,在目录"D:/my_image"中显示保存的图片,如图 5.8 所示。

图 5.8 保存的图片

例 5-4 中先从当前网址将 img 标记中的 src 属性提取出来,交给 urllib.request.urlretrieve()函数去下载,自动回调 Schedule()函数,显示当前下载的进度。Schedule()函数主要包括 3 个参数:blocknum(已下载的数据块)、blocksize(数据块的大小)和 totalsize(远程文件的大小)。

5.3 Email 提醒

当爬虫在运行过程中遇到异常或服务器遇到问题时,可以使用 Email 提醒。与网页通过 HTTP 协议传输类似,邮件是通过 SMTP(Simple Mail Transfer Protocol,简单邮件传输协议)传输的。Email 服务器也有客户端,如 Sendmail、Postfix 和 Mailman 等。

Python 内置对 SMTP 的支持,可以发送纯文本邮件、HTML 邮件或者带附件的邮件等,Python 中对 SMTP 的支持有 smtplib 与 email 两个模块,email 负责构造邮件,smtplib 负责发送邮件。

下面示例中使用 163 邮箱,使用时首先需要开启 SMTP 功能,开启方法很简单,这里不做解释。下面发送一个 HTML 邮件,具体示例代码如例 5-5 所示。

【例 5-5】 发送 HTML 邮件。

```
1   from email.header import Header
2   from email.mime.text import MIMEText
3   from email.utils import parseaddr,formataddr
4   import smtplib
5   def _format_addr(s):
6       print(s)
7       name,addr = parseaddr(s)
8       return formataddr((Header(name,'utf-8').encode(),addr))
9   #发件人地址
10  from_addr = '注册的邮箱'
11  #授权码
12  password = '填写注册时的授权码'
13  #收件人地址
14  to_addr = '接收的邮箱'
15  #163网易服务器地址
16  smtp_server = 'smtp.163.com'
17  #设置邮件信息
18  #msg = MIMEText('Python爬虫异常,错误信息404','plain','utf-8')
19  msg = MIMEText('<html><body><h1>Hello</h1>' +
20              '<p>这里是千锋教育<a href="http://www.1000phone.com">' +
21              '千锋</a></p>' +
22              '</body></html>','html','utf-8')
23  msg['From'] = _format_addr('爬虫一号:<%s>' % from_addr)
24  msg['To'] = _format_addr("管理员<%s>" % to_addr)
25  msg['Subject'] = Header("一号爬虫状态: ",'utf-8').encode()
26  #待发邮件
27  server = smtplib.SMTP(smtp_server,25)
28  server.login(from_addr,password)
```

```
29  # 发送邮件
30  server.sendmail(from_addr,[to_addr],msg.as_string())
31  server.quit()
```

运行程序后,检查邮件即可。若需要发送纯文本邮件,只需使用第 18 行被注释的代码即可。

从例 5-5 中可知,构造 MIMEText 对象时需要 3 个参数(邮件正文、MIME 的 subtype、编码格式):

```
msg = MIMEText('Python 爬虫异常,错误信息 404','plain','utf-8')
```

邮件正文,比如上面代码中的"'Python 爬虫异常,错误信息 404'";MIME 的 subtype,比如传入 plain 表示纯文本类型的邮件;编码格式为 UTF-8 编码,可保证多语言兼容性。

5.4 pymysql 模块

爬虫爬取到的数据还可以存储到数据库中,相比于前两种存储为文件的方式,数据库系统具有高效的数据控制以及数据检索功能。本节简单介绍一种在 Python 爬虫中常用的数据库操作模块——pymysql 模块。

众所周知,MySQL 是目前应用最广泛的开源关系型数据库管理系统。对于大多数应用来说,MySQL 都是不二选择,它是一种非常灵活、稳定、高效的 DBMS(Database Management System,数据库管理系统),像 YouTube、Twitter、Facebook 等最受欢迎的应用都在使用它来管理数据。

Python 内置并不支持 MySQL,只能通过一些开源库实现 Python 与 MySQL 的交互,因此在学习本节之前需先装好 MySQL 数据库。在 Python 2 中使用的是 MySQLdb 模块,Python 3 中则是 pymysql 模块。

确保安装好 MySQL 后,开始安装 pymysql,命令安装代码如下所示:

```
pip install pymysql
```

安装后即可使用 pymysql 模块。下面通过一个示例演示使用 pymysql 连接数据库并存入数据的程序,以爬取淘宝搜索页面中"短袖"的搜索结果为例,将搜索结果中短袖名称 name 和价格 price 存入数据库 MySQL 中。具体代码如例 5-6 所示。

【例 5-6】 使用 pymysql 连接 MySQL 并存入操作数据。

```
1  import requests
2  import re
3  import pymysql
4  def gethtml(url):
5      try:
6          r = requests.get(url, timeout = 100)
7          # 抛出请求异常
```

```
8          r.raise_for_status()
9          #转化编码
10         r.encoding = r.apparent_encoding
11         return r.text
12     except:
13         return ""
14 def getdata(itl, html):
15     try:
16         plt = re.findall(r'"view_price":"[\d.]*"', html)
17         nlt = re.findall(r'"raw_title":".*?"', html)
18         for i in range(len(plt)):
19             price = eval(plt[i].split(':')[1])
20             title = eval(nlt[i].split(':')[1])
21             itl.append([price, title])
22     except:
23         print("")
24 def savegoods(itl):
25     tplt = "{:2}\t{:8}\t{:16}"
26     print(tplt.format("序号", "价格", "商品名称"))
27     count = 0
28     conn = pymysql.connect(host = '127.0.0.1', user = 'root',
29         password = '123456', db = 'test', charset = "utf8mb4")
30     cur = conn.cursor()
31     sqlc = '''
32             create table cotta(
33             id int(11) not null auto_increment primary key,
34             name varchar(255) not null,
35             price float not null)DEFAULT CHARSET = utf8;
36             '''
37     try:
38         A = cur.execute(sqlc)
39         conn.commit()
40         print('成功')
41     except:
42         print("错误")
43     for g in itl:
44         count = count + 1
45         b = tplt.format(count, g[0], g[1])
46         sqla = '''
47             insert into cotta(name,price)
48             values(%s,%s);
49             '''
50         try:
51             B = cur.execute(sqla,(g[1],g[0]))
52             conn.commit()
53             print('成功')
54         except:
55             print("错误")
56     conn.commit()
57     #关闭游标
```

```
58        cur.close()
59      #关闭连接
60        conn.close()
61  def main():
62      goods = "短袖"
63      depth = 2
64      start_url = 'https://s.taobao.com/search?q = ' + goods
65      List = []
66      for i in range(depth):
67          try:
68              url = start_url + "&s = " + str(i * 44)
69              html = gethtml(url)
70              getdata(List, html)
71          except:
72              continue
73      savegoods(List)
74  main()
```

运行程序,打开 Navicat for MySQL 中创建的 test 数据库,找到表 cotta 并打开,结果如图 5.9 所示。

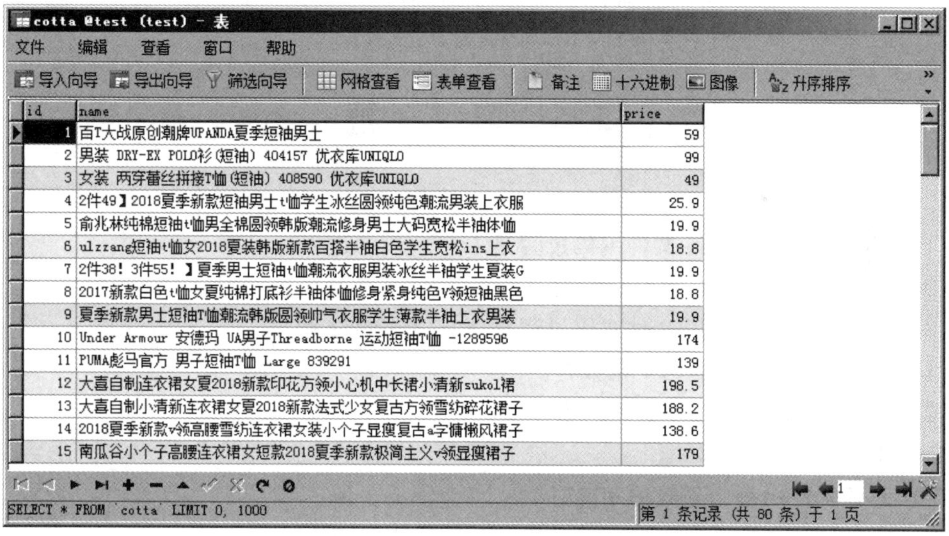

图 5.9　使用 pymysql 操作数据库

例 5-6 运行出结果的前提是首先要在 MySQL 中创建名为 test 的数据库,在命令行中打开 MySQL 服务后,运行如下代码即可创建数据库,具体如下所示:

```
create database test;
```

例 5-6 程序中定义了 4 个函数,gethtml(url)函数用于获取对应链接的网页内容,getdata(itl, html)函数用于获取网页中商品的名称和价格数据,并放入列表中,savegoods(itl)函数用于将获取到的数据存入创建的数据库 test 中,main()函数是程序运行的开始。在函数 savegoods(itl)中有两处代码是 Python 与 MySQL 交互的关键代码,分别为第 28 行与第 30 行。第 28 行代码实现了 Python 与 MySQL 的连接对象(connection),第 30 行代码实现了 cursor 对象,该对象可用来操作数据库中数据。第 31 行到第 36 行是创建表 cotta 的 SQL 语句,第 38 行则用于执行该 SQL 语句,第 39 行提交到数据库修改数据,用于保存修改的数据。

连接对象(connection)和游标对象(cursor)是数据库编程中经常用到的对象。连接对象连接上数据库之后,游标对象负责发送数据库信息、处理回滚操作(当一个查询或一组查询被中断时,数据库需要回到初始状态,一般用事务控制手段实现状态回滚)、创建新的游标对象等。

重点需要提示的是,使用完连接和游标后,必须关闭连接,否则会造成连接泄露(connection leak),造成一种未关闭的连接现象,这种现象会一直耗费数据库的资源。

5.5 本章小结

本章主要介绍了 Python 网络爬虫程序中数据的存储方式,包括存储 HTML 正文内容的两种格式、存储媒体文件(图片、视频、音频等)、存储到数据库等,在爬虫程序出现异常后发送邮件提醒,帮助大家提高爬虫效率。本章内容需要大家重点掌握,在以后的知识学习以及开发工作中会经常用到本章内容。

5.6 习　　题

1. 填空题

(1) Python 中对 JSON 文件编码过程是_____的过程。

(2) 编码过程中常用的两个函数是_____和_____。

(3) Python 中对 JSON 文件解码过程是_____的过程。

(4) 解码过程中常用的两个函数是_____和_____。

(5) _____是存储表格数据的常用文件格式。

2. 选择题

(1) CSV 文件中每一列数据间通过(　　)分隔符分隔。

　　A. 分号　　　　　　　　　　　　B. 逗号

　　C. 句号　　　　　　　　　　　　D. 省略号

(2) 下列选项中,(　　)属于 Python 支持的邮箱协议。

　　A. namp　　　　　　　　　　　　B. ftp

　　C. SMTP　　　　　　　　　　　　D. tcp

(3) (　　)是目前应用最广泛的开源关系型数据库管理系统。

　　A. MySQL　　　　　　　　　　　B. AB

　　C. Sqlite　　　　　　　　　　　　D. PHP

(4) 保存媒体文件的 URL 时需要考虑(　　)的问题。

　　A. 盗链　　　　　　　　　　　　B. 服务器压力大

  C. 所需内存大   D. 保存速度快

（5）数据库编程中经常用到的对象包括(　　)(多选)。

  A. 连接对象   B. 游标对象

  C. 状态对象   D. 主从对象

3. 思考题

（1）简述直接保存媒体文件 URL 的优缺点。

（2）简述编码过程中 dumps()与 dump()函数的区别。

4. 编程题

  抓取淘宝搜索中"笔记本电脑"商品列表中的名称和价格，并将内容存入 MySQL 中名为 computerlist 数据库中。

第 6 章　数据库存储

本章学习目标
- 掌握 SQLite 数据库。
- 掌握 MongoDB 数据库。

数据库（Database）是按照数据结构来组织、存储和管理数据的仓库。数据库有多种类型，从最简单的表格数据存储到海量数据存储的大型数据库系统都可充分有效地管理和利用各类信息资源，数据库是进行科学研究和决策管理的前提条件。

前面讲解了使用 pymysql 连接 MySQL 数据库，本章主要讲解 SQLite、MongoDB 两种数据库的基本用法以及使用 Python 操作数据库。

6.1　SQLite

6.1.1　SQLite 介绍

SQLite 是一个开源的嵌入式关系数据库，拥有自包容、零配置、事务功能的 SQL 数据库引擎特点，且高度便携，使用简单方便、可靠。SQLite 是单文件数据库引擎，一个文件即是一个数据库，便于存储和转移。

6.1.2　安装 SQLite

下面主要介绍如何在 Windows 系统下安装 SQLite 数据库，首先打开 SQLite 官网 https://www.sqlite.org/download.html，根据操作系统版本下载 sqlite-dll-*.zip 和 sqlite-tools-*.zip 两个压缩包文件，如图 6.1 所示。

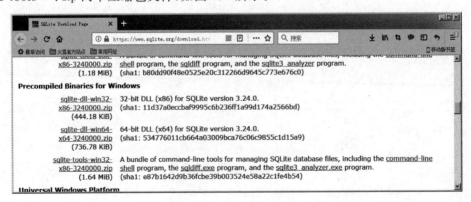

图 6.1　SQLite 下载页面

创建文件夹,如 C:\sqlite3,将下载的两个压缩文件解压至该文件夹中,最后配置环境变量 PATH。打开 cmd 命令框,测试 SQLite 是否配置完成,如图 6.2 所示。

图 6.2 SQLite 命令行

6.1.3 Python 与 SQLite

SQLite 可使用 sqlite3 模块与 Python 进行集成,Python 2.5.x 以上版本内置了该模块,不需要额外安装,只需要导入即可。

接下来详细介绍 sqllite3 模块的接口,便于在 Python 程序中对 SQLite 数据库的操作使用,详细如表 6.1 所示。

表 6.1 SQLite 的 API

API	描 述
sqlite3.connect(database [,timeout ,other optional arguments])	该 API 打开一个到 SQLite 数据库文件 database 的连接
connection.cursor([cursorClass])	该例程创建一个 cursor
cursor.execute(sql [, optional parameters])	该例程执行一个 SQL 语句
connection.execute(sql [, optional parameters])	该例程由光标(cursor)对象提供的方法,通过 cursor 方法创建了一个中间光标对象,然后通过给定的参数调用光标的 execute 方法
cursor.executemany(sql, seq_of_parameters)	该例程对 seq_of_parameters 中的所有参数或映射执行一个 SQL 命令
connection.executemany(sql [, parameters])	该例程是一个由调用光标(cursor)方法创建的中间光标对象的快捷方式,然后通过给定的参数调用光标的 executemany 方法
cursor.executescript(sql_script)	该例程一旦接收到脚本,就会执行多个 SQL 语句。它首先执行 COMMIT 语句,然后执行作为参数传入的 SQL 脚本。所有的 SQL 语句应该用分号(;)分隔
connection.executescript(sql_script)	该例程是一个由调用光标(cursor)方法创建的中间的光标对象的快捷方式,然后通过给定的参数调用光标的 executescript 方法
connection.total_changes()	该方法返回自数据库连接打开以来被修改、插入或删除的数据库总行数
connection.commit()	该方法提交当前的事务。如果未调用该方法,那么自上一次调用 commit()以来所做的任何动作对其他数据库连接来说是不可见的
connection.rollback()	该方法回滚自上一次调用 commit()以来对数据库所做的更改

续表

API	描述
connection.close()	该方法关闭数据库连接,但不会自动调用 commit()。如果之前未调用 commit()方法,就直接关闭数据库连接,所做的所有更改将全部丢失
cursor.fetchone()	该方法获取查询结果集中的下一行,返回一个单一序列,当没有更多可用的数据时,则返回 None
cursor.fetchmany([size = cursor.arraysize])	该例程获取查询结果集中的下一行组,返回一个列表。当没有更多可用的行时,则返回一个空列表。该方法尝试获取由 size 参数指定的尽可能多的行
cursor.fetchall()	该方法获取查询结果集中所有(剩余)的行,返回一个列表。当没有可用的行时,则返回一个空列表

以上就是 Python 中常用的 sqllite3 模块操作 SQLite 数据库的 API。

6.1.4 创建 SQLite 表

接下来创建表,如例 6-1 所示。

【例 6-1】 创建 SQLite 表。

```
1   import sqlite3
2   conn = sqlite3.connect('test.db')
3   print("打开数据库成功")
4   c = conn.cursor()
5   c.execute('''CREATE TABLE COMPANY
6          (ID INT PRIMARY KEY     NOT NULL,
7          NAME           TEXT    NOT NULL,
8          AGE            INT     NOT NULL,
9          ADDRESS        CHAR(50),
10         SALARY         REAL);''')
11  print("表格创建成功")
12  conn.commit()
13  conn.close()
```

运行结果如图 6.3 所示。

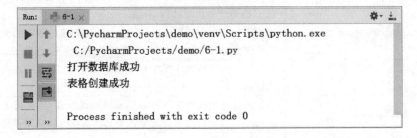

图 6.3 创建数据库成功

6.1.5 添加 SQLite 表记录

接下来在已经创建的 COMPANY 表中添加记录，如例 6-2 所示。

【例 6-2】 添加数据。

```
1  import sqlite3
2  conn = sqlite3.connect('test.db')
3  c = conn.cursor()
4  print("打开数据库成功")
5  c.execute("INSERT INTO COMPANY(ID,NAME,AGE,ADDRESS,SALARY) \
6          VALUES(1, 'Paul', 32, 'California', 20000.00 )");
7  c.execute("INSERT INTO COMPANY(ID,NAME,AGE,ADDRESS,SALARY) \
8          VALUES(2, 'Allen', 25, 'Texas', 15000.00 )");
9  c.execute("INSERT INTO COMPANY(ID,NAME,AGE,ADDRESS,SALARY) \
10         VALUES(3, 'Teddy', 23, 'Norway', 20000.00 )");
11 c.execute("INSERT INTO COMPANY(ID,NAME,AGE,ADDRESS,SALARY) \
12         VALUES(4, 'Mark', 25, 'Rich-Mond ', 65000.00 )");
13 conn.commit()
14 print("成功插入记录")
15 conn.close()
```

运行结果如图 6.4 所示。

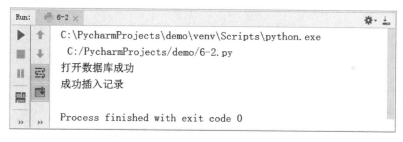

图 6.4　成功插入记录

6.1.6 查询 SQLite 表记录

插入数据后即可查询表中的记录，如例 6-3 所示。

【例 6-3】 查询表中数据。

```
1  import sqlite3
2  conn = sqlite3.connect('test.db')
3  c = conn.cursor()
4  print("打开数据库成功")
5  cursor = c.execute("SELECT id, name, address, salary FROM COMPANY")
6  for row in cursor:
7      print("ID = ", row[0])
8      print("NAME = ", row[1])
9      print("ADDRESS = ", row[2])
10     print("SALARY = ", row[3], "\n")
```

```
11 print("查询完成")
12 conn.close()
```

运行结果如图6.5所示。

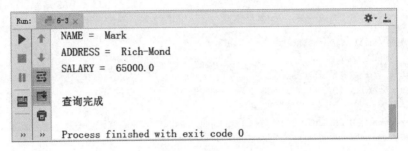

图6.5 查询数据

6.1.7 更新SQLite表记录

使用UPDATE语句更新表记录，并且从COMPANY表中更新并获取新的记录，如例6-4所示。

【例6-4】 修改表中数据。

```
1  import sqlite3
2  conn = sqlite3.connect('test.db')
3  c = conn.cursor()
4  print("打开数据库成功")
5  c.execute("UPDATE COMPANY SET SALARY = 25000.00 WHERE ID = 1")
6  conn.commit()
7  print("已更新的行数 :", conn.total_changes)
8  cursor = conn.execute("SELECT id, name, address, salary  FROM COMPANY")
9  for row in cursor:
10     print("ID = ", row[0])
11     print("NAME = ", row[1])
12     print("ADDRESS = ", row[2])
13     print("SALARY = ", row[3], "\n")
14 print("修改成功")
15 conn.close()
```

运行结果如图6.6所示。

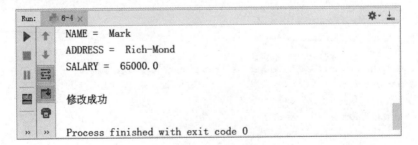

图6.6 表记录更新成功

6.1.8 删除 SQLite 表记录

接下来演示使用 delete 语句删除记录,然后从 COMPANY 表中获取并显示剩余的记录,如例 6-5 所示。

【例 6-5】 删除表中部分数据。

```
1  import sqlite3
2  conn = sqlite3.connect('test.db')
3  c = conn.cursor()
4  print("打开数据库成功")
5  c.execute("DELETE from COMPANY where ID = 2;")
6  conn.commit()
7  print("影响的行数是:", conn.total_changes)
8  cursor = conn.execute("SELECT id, name, address, salary  from COMPANY")
9  for row in cursor:
10     print("ID = ", row[0])
11     print("NAME = ", row[1])
12     print ("ADDRESS = ", row[2])
13     print("SALARY = ", row[3], "\n")
14 print("操作完成")
15 conn.close()
```

运行的结果如图 6.7 所示。

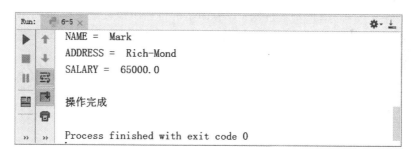

图 6.7 表记录删除成功

上面讲解的是在 Python 中创建表以及对表的增删改查。

注意:操作完成后要关闭数据库,即调用 close()方法。

6.2 MongoDB

本节介绍一种更适合爬虫使用的数据库——MongoDB。MongoDB(来自于英文单词 Humongous,中文含义为"庞大")是可以应用于各种规模的企业、各个行业以及各类应用程序的开源数据库。作为一个适用于敏捷开发的数据库,MongoDB 的数据模式可以随着应用程序的发展而灵活地更新。与此同时,它也为开发人员提供了传统数据库的功能:二级索引、完整的查询系统以及严格一致性等等。

MongoDB 是专为可扩展性、高性能和高可用性而设计的数据库。它可以从单服务器部署扩展到大型、复杂的多数据中心架构。利用内存计算的优势，MongoDB 能够提供高性能的数据读写操作。MongoDB 的本地复制和自动故障转移功能够使应用程序具有企业级的可靠性和操作灵活性。

6.2.1 MongoDB 简介

MongoDB 是一个基于分布式文档存储的数据库，由 C++ 编写，旨在解决海量数据的访问效率问题。MongoDB 属于 NoSQL(Not Only SQL，泛指非关系型数据库)数据库，但是它又与关系型数据库非常相似，在爬虫开发中使用 MongoDB 来存储大规模的数据是不错的选择。

MongoDB 支持的数据结构非常松散，是类似 JSON 的 BSON(是一种类 JSON 的二进制形式的存储格式，简称 Binary JSON)格式，因此可以存储比较复杂的数据类型。MongoDB 最大的特点是它支持的查询语言非常强大，其语法类似于面向对象的查询语言，几乎可以实现类似关系数据库单表查询的绝大部分功能，而且还支持对数据建立索引。

6.2.2 MongoDB 适用场景

MongoDB 的主要目标是在键/值存储方式(提供了高性能和高度伸缩性)和传统的 RDBMS 系统(Relational Database Management System，关系数据库)之间架起一座桥梁，它集两者的优势于一身。

MongoDB 与 RDBMS 的最大区别：没有固定的行列组织数据结构，即无须将不同类的数据放入多张表中建立对应关系并分别存储其数据，而是直接放入一份文档进行存储。

MongoDB 适用的场景如下。

（1）网站数据：MongoDB 非常适合实时的插入、更新与查询操作，并具备网站实时数据存储及高度伸缩的特性。

（2）缓存：由于性能很高，MongoDB 也适合作为信息基础设施的缓存层。在系统重启之后，由 MongoDB 搭建的持久化缓存层可以避免下层的数据源过载。

（3）大尺寸，低价值的数据：使用传统的关系型数据库存储一些数据时可能会比较昂贵，在此之前，很多时候开发人员往往会选择传统的文件进行存储。

（4）高伸缩性的场景：MongoDB 非常适合由数十或数百台服务器组成的数据库。MongoDB 的路线图中已经包含对 MapReduce 引擎的内置支持。

（5）用于对象及 JSON 数据的存储：MongoDB 的 BSON 数据格式非常适合文档化格式的存储及查询。

6.2.3 MongoDB 的安装

本书的操作基于 Windows 环境，故接下来讲解 MongoDB 在 Windows 系统下的安装。MongoDB 的下载地址为"https://www.mongodb.com/download-center#community"，打开该网址后选择需要的版本安装即可。本书使用的是 Windows 64 位系统，因此选择 Windows 64-bit x64 版本即可，如图 6.8 所示。

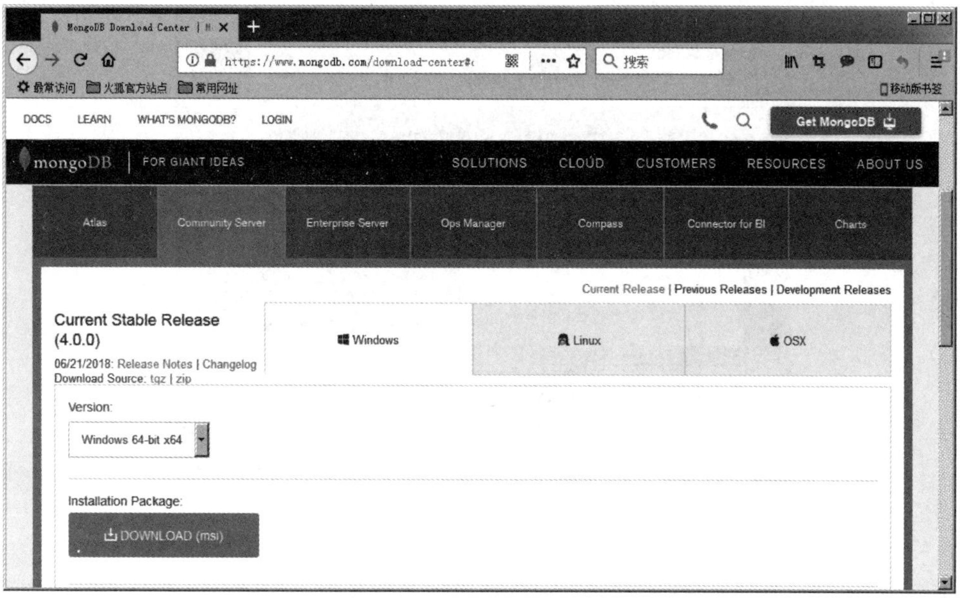

图 6.8 下载 MongoDB

下载完 .msi 文件后双击开始安装,在安装过程中可单击 Custom 按钮自定义安装位置,如图 6.9 与图 6.10 所示。

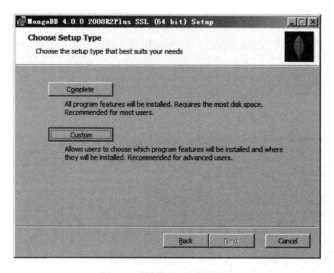

图 6.9 单击 Custom 按钮

需要注意的是,在最后一步安装过程中,需要取消选中左下角的 Install MongoDB Compass 复选框,不然会一直卡在 Installing MongoDB Compass… 界面直到安装好 MongoDB Compass 为止。MongoDB Compass 是 MongoDB 的图形化管理界面,下载需要的时间比较长,如果需要安装也是可以的,耐心等待即可。

安装成功后首先需要创建数据目录 db,因为 MongoDB 默认将数据目录存放在 db 目录下。数据目录最好创建在根目录下,本书是在 C 盘的根目录下创建 data 目录,然后在 data

图 6.10 选择安装目录

目录下创建 db 目录和 log 目录,其中 log 目录用来存放日志。创建的命令过程如下所示:

```
c:\> cd c:\
c:\> mkdir data
c:\> cd data
c:\data> mkdir db,log
```

创建完成数据目录后进入 MongoDB 的 bin 目录下执行以下命令:

```
mongod.exe -- dbpath c:/data/db
```

运行该命令,如图 6.11 所示。

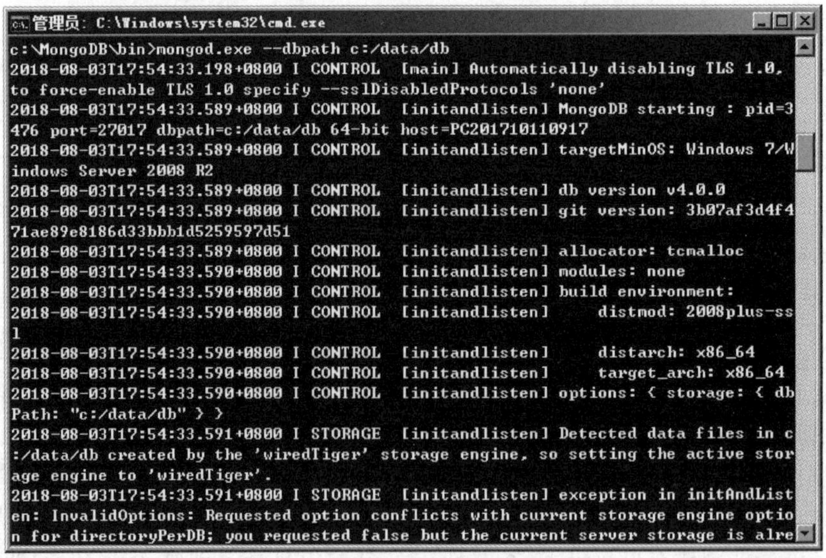

图 6.11 指定 MongoDB 数据目录

运行完成后,在浏览器的地址栏中输入 http://localhost:27017/,运行结果如图 6.12 所示。

图 6.12　启动 MongoDB

MongoDB 默认端口号为 27017,如图 6.12 所示的界面说明 MongoDB 已经启动成功。启动后即可进行相应操作。

每次启动 MongoDB 都要进入安装目录的 bin 目录下执行 mongod.exe 命令,这样的操作很烦琐,此时可以为 MongoDB 添加一个服务。MongoDB 添加为系统服务的方式很简单,在 C 盘新建的 data 目录下创建名为 config 的目录,并在 config 目录下新建 mongodb.conf 的配置文件,如图 6.13 所示。

图 6.13　新建配置文件 mongodb.conf

其中 mongodb.conf 的文件内容如图 6.14 所示。

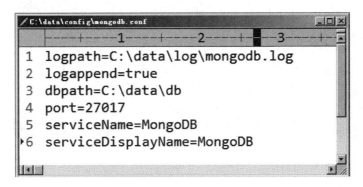

图 6.14　mongodb.conf 文件内容

在 mongodb.conf 的文件内容中,logpath 表示日志存放位置为新建的 data 目录下 log 目录中的 mongodb.log 文件,logappend=true 表示可追加日志内容,dbpath 表示数据库存放位置,serviceName 表示服务名称,port 是启动端口,MongoDB 默认启动端口为 27017。

编写好配置文件后,进入 MongoDB 安装目录下的 bin 目录,执行以下命令:

```
c:\MongoDB\bin>mongod.exe -f "c:/data/config/mongodb.conf" --install
```

运行上述命令后,就创建好了 MongoDB 的系统服务,在服务栏中就可找到命名为 MongoDB 的服务,如图 6.15 所示。

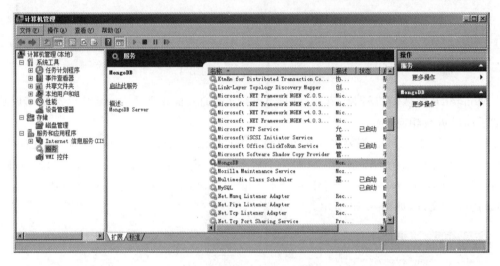

图 6.15 添加 MongoDB 服务

使用命令"net start mongodb"和"net stop mongodb"即可开启和停止该服务,如图 6.16 所示。

图 6.16 mongodb 服务的创建、开启和停止

至此,MongoDB 在 Windows 上就已安装配置成功。

MongoDB 的启动参数的含义如表 6.2 所示。

表 6.2　MongoDB 的启动参数

MongoDB 参数	参 数 说 明
--dbpath	数据存放路径
--logpath	日志文件路径
--logappend	日志输出方式以追加模式进行记录,默认覆盖记录
--port	启用端口号
--fork	以后台守护进程的方式启动
--auth	是否需要验证权限登录(用户名和密码)
--bind_ip	限制访问的 IP

6.2.4　MongoDB 基础

MongoDB 属于 NoSQL 数据库,其中的一些概念与 MySQL 等关系型数据库大不相同。MongoDB 中基本的概念是文档、集合和数据库。下面通过表 6.3 将 SQL 概念和 MongoDB 中的概念进行对比。

表 6.3　SQL 与 MongoDB 概念对比

SQL 概念	MongoDB 概念	说　　明
database	database	数据库
table	collection	数据库表/集合
row	document	数据行/文档
column	field	数据字段列/域
index	index	索引
primary key	primary key	主键,MongoDB 自动将_id 字段作为主键

1. MongoDB 中文档、集合、数据库的概念

1) 文档

文档是 MongoDB 中数据的基本单元,是 MongoDB 的核心概念,类似关系数据库中的行。将多个键及其关联的值有序地放置在一起就是 MongoDB 中的文档,有唯一的标识"_id"。文档以 key/value 的方式来存放数据,比如{"username":"qianfeng","age":20},可类比数据表中的列名以及列对应的值。下面通过 3 个不同的文档来说明文档的特性。

```
{"name":"qianfeng", "age":20, "email":["qq_email","163_email","gmail"],
"chat":{"qq":"1111", "weixin":"2222"}}
{"Name":"qianfeng", "Age":20, "email":["qq_email","163_email","gmail"],
"chat":{"qq":"1111", "weixin":"2222"}}
{"name":"qianfeng", "email":["qq_email","163_email","gmail"], "age":20,
"chat":{"qq":"1111", "weixin":"2222"}}
```

上面 3 个文档是不同的,说明了文档的几个特性:
- 文档的键值对是有序的,顺序不同文档也不同。
- 文档的值可以是字符串、整数、数组以及文档等类型。
- 文档的键最常见的是用双引号标识的字符串,较特殊的键可以使用任意 UTF-8 字符。注意键不能含有\0(空字符),空字符表示键的结尾;"."和"$"作为保留字符,通常不应该出现在键中;以下画线"_"开头的键通常情况下是保留的,建议不要使用。
- 文档区分大小写以及值的类型。

2) 集合

集合可看作没有模式的表。MongoDB 中的集合就是一组文档,可类比关系数据库的表。集合存放于数据库中,MongoDB 对集合的结构不做强制要求,由开发者灵活把握。比如{"name":"qianfeng","age":20}、{"name":"qianfeng","age":20,"sex":"1"},可以存放于同一个集合中。

集合的命名规则如下:
(1) 集合名不能是空串。
(2) 不能含有空字符\0。
(3) 不能以"system."开头,这是系统集合保留的前缀。
(4) 集合名不能含保留字符$。

3) 数据库

MongoDB 中多个集合组成数据库,一个 MongoDB 中可承载多个数据库,且彼此独立。每个数据库都有自己的集合和权限,不同的数据库放置在不同的文件中。在 MongoDB 的 shell 窗口中,使用 show dbs 命令可以查看所有的数据库,使用 db 命令可以查看当前数据库。

2. MongoDB 的常见数据类型

MongoDB 中常用的几种数据类型如表 6.4 所示。

表 6.4 MongoDB 中常用的几种数据类型

数 据 类 型	含 义
String	字符串,在 MongoDB 中 UTF-8 编码的字符串才符合标准
Integer	整型数值
Boolean	布尔值
Double	双精度浮点值
Min/Max keys	将一个值与 BSON 元素的最低值和最高值对比
Arrays	将数组或列表或多个值存储为一个键
Timestamp	时间戳
Object	用于内嵌文档
Null	用于创建空值
Symbol	符号,基本等同于字符串类型,但一般用于采用特殊符号类型的语言
Date	日期时间
Object ID	用于创建文档的 ID
Binary Data	二进制数据
Code	用于在文档中存储 JS 代码
Regular expression	正则表达式类型

3. 创建/删除数据库

MongoDB 创建数据库的语法格式如下所示:

```
use DATABASE_NAME
```

如果数据库不存在,则创建数据库;若存在,则直接切换到指定的数据库。查看所有的数据库可使用 show dbs 命令,若数据库中没有数据则不显示。

MongoDB 删除数据库的语法格式如下所示:

```
db.dropDatabase()
```

使用 db 命令可以查看当前数据库名。

下面通过 MongoDB 的 shell 中新建一个名称为 pythonSpider 的数据库,接着再删除,如图 6.17 所示。

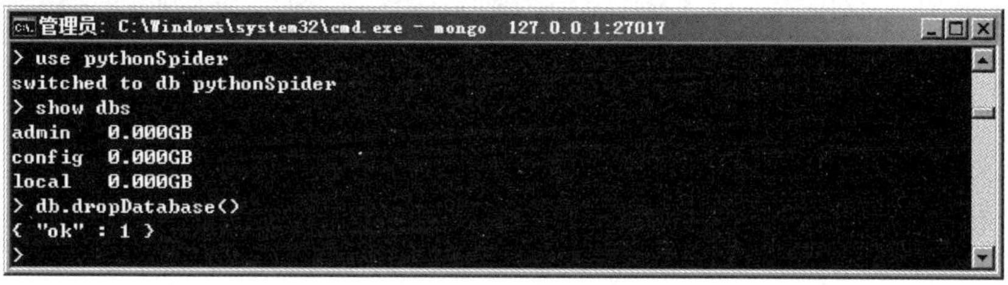

图 6.17 数据库的创建、展示和删除

注意上面创建与删除过程须在 MongoDB 服务启动的前提下操作,启动之后还要在 MongoDB 的 bin 目录下使用 mongo 命令。

4. 集合中文档的增删改查

依旧使用 pythonSpider 数据库来演示。文档的数据结构和 JSON 基本一致,所有存储在集合中的数据都是 BSON 格式,BSON 是类 JSON 的一种二进制形式的存储格式。

插入文档使用 insert()或 save()方法,如图 6.18 所示。

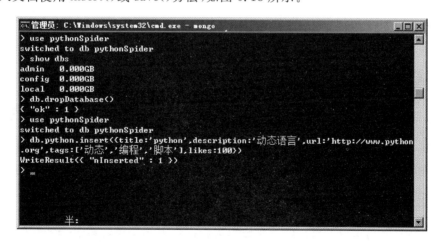

图 6.18 插入文档

图 6.19 中 python 是集合名称,如果该集合不在该数据库中,MongoDB 会自动创建该集合并插入文档,插入文档的格式必须符合 BSON 格式。

查询文档使用 find()方法,如图 6.19 所示。

图 6.19 查询文档

图 6.19 中使用 find()方法查找出 python 集合中的所有文档,相当于"select * from table"。如果需要进行条件查询,则应了解 MongoDB 中的条件语句和操作符,如表 6.5 所示。

表 6.5 MongoDB 中的条件语句和操作符

操 作	格 式	示 例	说 明
等于	{< key >:< value >}	db.python.find({"likes":100}).pretty()	从 python 集合中找到 likes 等于 100 的文档
小于	{< key >:{ $ lt:< value >}}	db.python.find({"likes":{ $ lt:100}}).pretty()	从 python 集合中找到 likes 小于 100 的文档
小于或等于	{< key >:{ $ lte:< value >}}	db.python.find({"likes":{ $ lte:100}}).pretty()	从 python 集合中找到 likes 小于或等于 100 的文档
大于	{< key >:{ $ gt:< value >}}	db.python.find({"likes":{ $ gt:100}}).pretty()	从 python 集合中找到 likes 大于 100 的文档
大于或等于	{< key >:{ $ gte:< value >}}	db.python.find({"likes":{ $ gte:100}}).pretty()	从 python 集合中找到 likes 大于或等于 100 的文档
不等于	{< key >:{ $ ne:< value >}}	db.python.find({"likes":{ $ ne:100}}).pretty()	从 python 集合中找到 likes 不等于 100 的文档

表 6.5 中的 pretty()方法是以易读的方式来读取数据的。除了以上表中的单条件操作外,MongoDB 中还可以使用条件组合来查询文档,类似 and 和 or 实现的功能。

使用 find()方法可以传入多个键(key),每个键以逗号隔开,来实现 and 条件。or 条件语句可使用关键字"$ or"。

更新文档使用 update()和 save()方法来更新集合中的文档。其中 update()方法用于更新已经存在的文档,方法原型如下:

```
db.collection.update(
    <query>,
```

```
    <update>,
    {
        upsert:<boolean>,
        multi:<boolean>,
        writeConcern:<document>,
        collation:<document>,
        arrayFilters:[ <filterdocument1>, … ]
    }
)
```

其中,参数 query 是查询条件,类似于 where 子句;update 参数是需要更新的操作符,类似于 set 后的内容;upsert 是可选参数,用于确定当不存在 update 记录时是否选择插入新的文档,true 为插入;multi 也是可选参数,可选择只更新找到的第一条记录或者更新全部查找到的内容,前者为 false 后者为 true,MongoDB 中默认选 false;writeConcern 也是可选参数,可抛出异常。

将 title 是 python 的文档修改成 title 为"python 爬虫",示例如下所示:

```
db.python.update({'title':'python'},{ $ set:{'title':'python 爬虫'}})
```

以上示例只会修改第一条查找到的文档,如果需要修改多条文档,则设置参数 multi 为 true,示例如下所示:

```
db.python.update({'title':'python'},{ $ set:{'title':'python 爬虫'}},
{multi:true})
```

save()方法通过传入的文档来替换已有文档,方法原型如下:

```
db.collection.save(
    <document>,
    {
        writeConcern:<document>
    }
)
```

其中,document 参数是文档中的数据,writeConcern 是可选参数,可抛出异常。下面通过替换_id 为 5b6fcffc90869c10bcab0e73 的文档数据来演示该方法的使用,具体如下所示:

```
db.python.save(
    {
        "_id": ObjectId("5b6fcffc90869c10bcab0e73"),
        "title": "MongoDB",
        "description": "数据库",
        "url": "http://www.python.org",
        "tags":[
            "分布式",
            "mongo"
```

```
        ],
    "likes":100
    }
)
```

删除文档使用 remove()方法,其方法原型如下:

```
db.collection.remove(
    <query>,
    {
        justOne: <boolean>,
        writeConcern: <document>
    }
)
```

remove()方法中的 3 个参数都是可选的:query 为删除文档的条件;justOne 若设为 true 或 1,则只删除一个文档;writeConcern 抛出异常。

将刚才更新的文档删除,即删除 title 为 MongoDB 的文档,示例如下:

```
db.python.remove({'title':'MongoDB'})
```

若没有 query 条件则删除所有的文档,如图 6.20 所示。

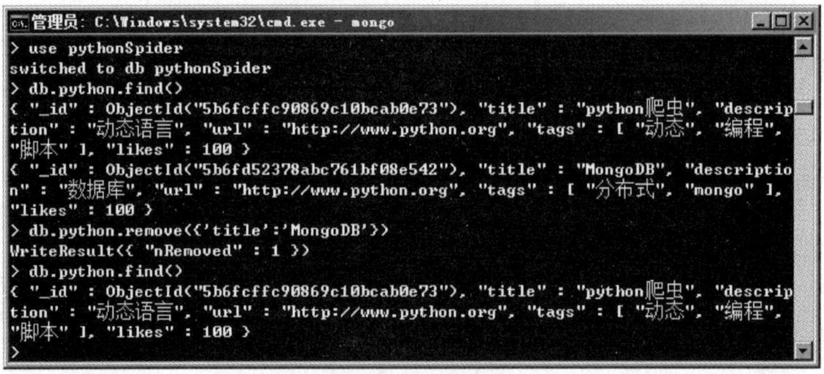

图 6.20　删除文档

从图 6.20 中可以看到,title 为 MongoDB 的文档已被整个删除。

6.2.5　在 Python 中操作 MongoDB

在 Python 中操作 MongoDB 首先需要安装 pymongo 模块。

1. 安装 pymongo

使用 pip 命令安装 pymongo,具体如下所示:

```
pip install pymongo
```

安装完成后如图 6.21 所示。

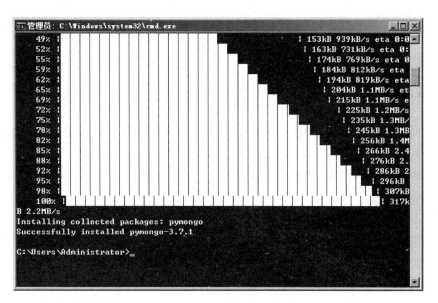

图 6.21 pymongo 安装成功

pymongo 安装成功后,使用时直接 import 即可。

2. 建立连接

pymongo 模块使用 MongoClient 对象来描述一个数据库客户端,创建对象所需的参数主要是 host 和 port。常见的 3 种形式如下所示:

```
client = pymongo.MongoClient()
client = pymongo.MongoClient('localhost', 27017)
client = pymongo.MongoClient('mongodb://localhost:27017/')
```

第一种方式默认连接的是主机的 IP 和端口,第二种方式是显式地连接指定 IP 和端口,第三种是使用 URL 格式进行连接。

3. 获取数据库

一个 MongoDB 可以有多个独立的数据库。使用 pymongo 时,可以通过访问 MongoClient 属性的方式来访问数据库,具体如下所示:

```
db = client.papers
```

如果数据库名称导致属性访问方式不能使用(比如 pa-pers 的形式),可以通过字典的方式访问数据库,具体如下所示:

```
db = client['pa-pers']
```

4. 获取集合

一个 collection 即一组存在于 MongoDB 中的文档,获取 collection 的方法与获取数据库的方法一致,具体如下所示:

```
collection = db.books
```

或使用字典方式,具体如下所示:

```
collection = db['books']
```

值得注意的是,MongoDB 中的 collection 和数据库都是惰性创建的。即前面介绍的命令实际并没有对 MongoDB Server 进行任何操作,直到第一个文档插入后,collection 和数据库才会被创建,这也是在不插入文档之前使用"show dbs"命令查看不到之前创建的数据库的原因。

5. 插入文档

MongoDB 中的数据以 JSON 类文件的形式保存。在 pymongo 中使用字典来代表文档,使用 insert()方法插入文档,具体如下所示:

```
stu = {"name":"qianfeng",
    "sex":"man",
    "age":20,
    "tags":["gentle","时尚","上进"],
    "birth":"1011"
}
stu_id = collection.insert(stu)
```

文档被插入后,如果文档中没有_id 键值,系统会自动为文档添加。_id 是一个特殊键值,该值在整个 collection 中是唯一的。使用 insert()方法会返回这个文档的_id 值。

使用 insert()方法也可进行批量文档插入,具体如下所示:

```
stu = [{"name":"xiaofeng",
    "sex":"man",
    "age":20,
    "tags":["gentle","前卫","时尚"],
    "birth":"0918"
},
{"name":"xiaoqian",
    "sex":"women",
    "age":18,
    "tags":["beauty","温柔","网红"],
    "birth":"0315"
}]
stu_id = collection.insert(stu)
```

6. 查询文档

MongoDB 中查询一个文档时可使用 find_one()函数,该函数会返回一个符合查询条件的文件,在没有匹配出结果时返回 None,具体如下:

```
collection.find_one()
```

在 find_one() 返回的文件中已经存在 _id 键值，该键值是由数据库自动添加的。find_one() 还支持对特定元素进行匹配查询，比如筛选出 name 为 qianfeng 的文档，具体如下所示：

```
collection.find_one({"name":"qianfeng"})
```

也可以通过 _id 进行查询，返回为 ObjectId 的对象。比如查询 student_id 为 5b6fcffc90869c10bcab0e79，具体如下所示：

```
collection.find_one({'_id':ObjectId('5b6fcffc90869c10bcab0e79')})
```

在 Web 应用中经常通过查询 _id 从 URL 中抽取 id，然后根据 id 从数据库中进行查询操作。

若需要查询多个文档，可以使用 find() 方法。find() 方法返回一个 Cursor 实例，通过该实例可获取每个符合查询条件的文档。具体如下所示：

```
for stu in collection.find():
    print(stu)
```

与使用 find_one() 函数类似，find() 也可以使用条件查询来查找结果。比如查询姓名为 qianfeng 的学生，示例如下：

```
for stu in collection.find({"name":"qianfeng"}):
    print(stu)
```

如果只想查询符合查询条件的文件的数量，可使用 count() 操作。比如查询 age 为 20 的学生数量，示例如下：

```
collection.find({"age":20}).count()
```

7. 修改文档

MongoDB 中使用 update() 和 save() 方法来更新文档，具体如下所示：

```
collection.update({"name":"qianfeng"},{"$set":{"age":20}})
```

8. 删除文档

MongoDB 中使用 remove() 方法删除文档，具体如下所示：

```
collection.remove({"name":"qianfeng"})
```

6.3 Redis

目前，大型的爬虫系统采用的都是分布式爬取结构，即分布式爬虫。在分布式爬虫中，将爬取任务分配给多台计算机同时处理，相当于将多个单机联系起来形成一个整体来完成任务,这样可提高爬虫的可用性及稳定性。在分布式爬虫中通过消息队列将各个单机联系起来,而最常被用作消息队列的就是 Redis。

6.3.1 Redis 简介

Redis 是一种基于键值对(key-value)的 NoSQL 数据库,与很多键值对数据库不同的是,Redis 中的值由 string(字符串)、hash(哈希)、list(列表)、set(集合)、zset(有序集合)、Bitmaps(位图)、HyperLogLog、GEO(地理信息定位)等多种数据结构和算法组成,因此 Redis 可以满足很多的应用场景,而且因为 Redis 会将所有数据都存放在内存中,所以读写性能非常好。不仅如此,Redis 还可以将内存的数据利用快照和日志的形式保存到硬盘上,这样在发生类似断电或者故障的时候,内存中的数据不会"丢失"。除了上述功能以外,Redis 还提供了键过期、发布订阅、事务、流水线、Lua 脚本等附加功能。

6.3.2 Redis 适用场景

Redis 适用场景如下:

1. 消息队列

消息队列系统是一个大型网站的必备基础组件,因为其具有业务解耦、非实时业务削峰等特性。Redis 提供了发布订阅功能和阻塞队列的功能。

2. 社交功能

点赞、关注、好友、推送、下拉刷新等是社交网站的必备功能,社交网站的访问量通常比较大,而且传统的关系型数据不太适合保存这种类型的数据,Redis 提供的数据结构可以相对容易地实现这些功能。

3. 计数器

网站中的计数功能作用至关重要,例如视频网站的播放次数、电商网站的浏览数,为了保证数据的实时性,每一次播放和浏览都要做加 1 的动作,如果并发量很大对于传统关系型数据库的性能来说是种压力。Redis 则天然支持计数功能。

4. 排行榜功能

排行榜系统几乎存在所有的网站,例如热度排名、按照时间发布的排行,按照复杂维度计算出的排行榜。Redis 提供了列表和有序集合数据结构,合理地使用这些数据结构可以很方便地构建出各种排行榜系统。

5. 缓存

缓存机制几乎在所有的大型网站都有使用,合理地使用缓存不仅可以加快数据的访问速度,而且能够有效地降低后端数据源的压力。Redis 提供了键值过期时间设置,并且提供了灵活控制最大内存和内存溢出后的淘汰策略。

6.3.3 Redis 的安装

在 Windows 下安装 Redis 过程较简单,首先下载后缀名为.zip 的 Redis 压缩包(https://github.com/MicrosoftArchive/redis/releases),如图 6.22 所示。

将下载的压缩文件解压后,使用 DOS 命令窗口进入该解压目录,并执行如下命令:

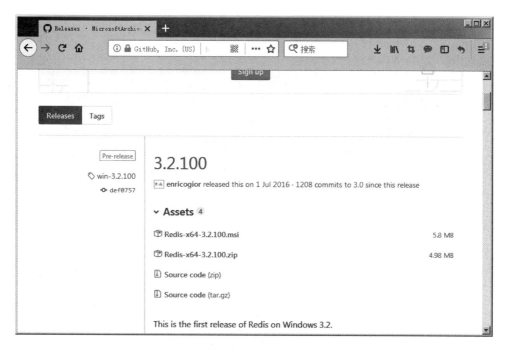

图 6.22 Redis 下载

```
redis-server.exe redis.windows.conf
```

执行该命令后将启动 Redis 服务,如图 6.23 所示。

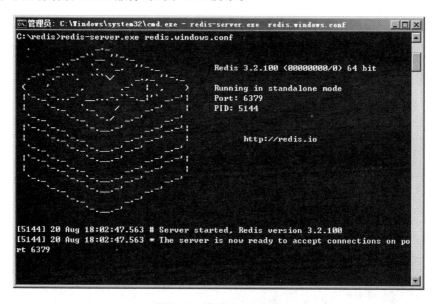

图 6.23 启动 Redis 服务

该命令中的 redis.windows.conf 是 Redis 中的配置文件。将 Redis 添加到服务中命令如下:

```
redis-server --service-install redis.windows.conf
```

运行该程序后,如图 6.24 所示。

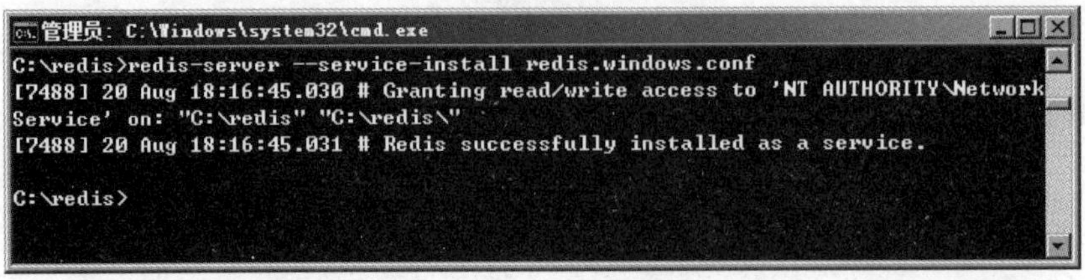

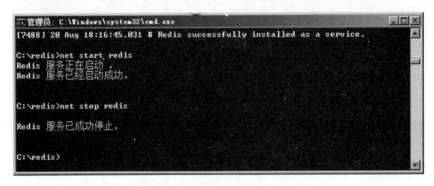

图 6.24 添加 Redis 服务

图 6.24 表明已经成功将 Redis 成功添加到服务中,快速启动 Redis 服务与停止 Redis 服务如图 6.25 所示。

图 6.25 快速启动与停止 Redis 服务

至此,Redis 在 Windows 下已经安装成功。需要提醒的是,将 Redis 的解压目录加入环境变量后可直接启动 Redis 服务,而不必每次都手动进入 Redis 解压目录。

6.3.4 Redis 数据类型与操作

操作 Redis 数据库时首先要连接到该数据库,使用如下命令即可连接:

```
redis-cli -h host -p port -a password
```

如果 Redis 服务运行在本地且无密码,则直接使用"redis-cli"命令即可连接,如图 6.26 所示。

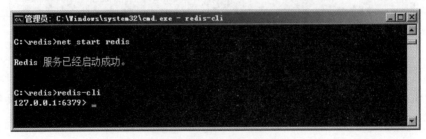

图 6.26 连接 Redis

成功连接到 Redis 后即可操作 Redis 中的数据类型。

1. string 类型

string 是 Redis 最基本的类型，一个 key 对应一个 value。string 类型可以包含任何类型，比如 .jpg 图片或者序列化的对象。下面使用 set 和 get 命令操作 string 类型数据，如图 6.27 所示。

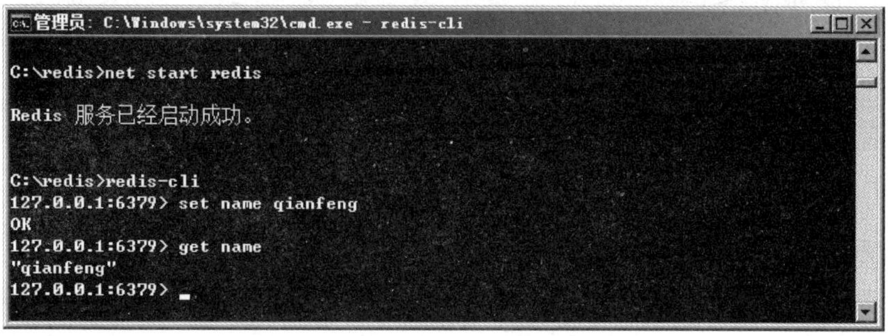

图 6.27 操作 string 类型数据

上面示例中使用了 Redis 中的 set 和 get 命令，其中 key 为 name，对应的 value 值为 qianfeng。

2. hash 类型

Redis 中 hash 类型是一个 string 类型的 field 与 value 的映射表，适合用于存储对象。相比于将对象的每个字段存成单个 string 类型，将一个对象存储在 hash 类型中会占用更少的内存，且存取对象时更方便。下面通过 hset、hget、hmset、hmget 命令进行操作，如图 6.28 所示。

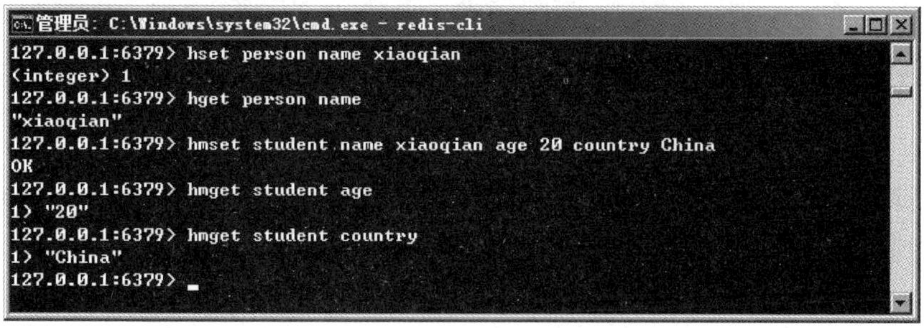

图 6.28 操作 hash 类型数据

上面示例中使用 Redis 的 hash 类型设置了 key 为 person、field 为 name、value 为 xiaoqian 的 hash 类型数据，使用 hmset 可设置多个 field 值。

3. list 类型

list 类型是一个双向键表，其每个子元素都是 string 类型，可使用 push、pop 操作从链表的头部或尾部添加删除元素，其中 key 值可使用链表的名称。下面通过 lpush 和 lrange 命令进行操作，如图 6.29 所示。

上面示例中使用 lpush 命令向链表 country 中添加了 China、USA、UK 以及 Korean 等值，然后使用 lrange 命令从指定起始位置取出 country 中的值。

```
127.0.0.1:6379> lpush country China
(integer) 1
127.0.0.1:6379> lpush country USA
(integer) 2
127.0.0.1:6379> lpush country UK
(integer) 3
127.0.0.1:6379> lpush country Korean
(integer) 4
127.0.0.1:6379> lrange country 0 10
1) "Korean"
2) "UK"
3) "USA"
4) "China"
127.0.0.1:6379>
```

图 6.29 操作 list 类型数据

4. set 类型

set 类型是 string 类型的无序集合,对集合的操作可添加删除元素,也可对多个集合求交并差,操作中的 key 可以为集合的名称。set 通过 hash table 实现,hash table 会随着对数据的添加或删除自动调整大小。下面通过 sadd 和 smembers 命令进行操作,如图 6.30 所示。

```
127.0.0.1:6379> sadd url www.baidu.com
(integer) 1
127.0.0.1:6379> sadd url www.google.com
(integer) 1
127.0.0.1:6379> sadd url www.qq.weixin.com
(integer) 1
127.0.0.1:6379> sadd url www.baidu.com
(integer) 0
127.0.0.1:6379> smembers url
1) "www.google.com"
2) "www.baidu.com"
3) "www.qq.weixin.com"
127.0.0.1:6379>
```

图 6.30 操作 set 类型数据

上面示例中通过 sadd 命令添加了 4 次数据,重复的"www.baidu.com"被忽略,最后通过 smembers 获取 url 中所有的值,会发现只有 3 条数据,由此可见,使用 set 类型进行 URL 去重。

5. sorted set 类型(zset 类型)

zset 类型与 set 类型相似,也是 string 类型的集合,且不允许有重复的成员,但区别是 zset 类型是有序的,它会关联一个 double 类型的 score 属性,该属性在添加和修改元素时可以指定,每次指定后,zset 会自动重新按新的值调整顺序。zset 成员是唯一的,但 score 却可以重复。zset 中使用 zadd 命令添加元素到集合中,若元素在集合中已存在,则更新对应的 score,具体命令如下:

zadd key score member

下面通过 zadd 和 zrangebyscore 命令进行操作,如图 6.31 所示。

上面示例中通过 zadd 命令添加了 4 次数据,并通过 zrangebyscore 命令根据 score 范围

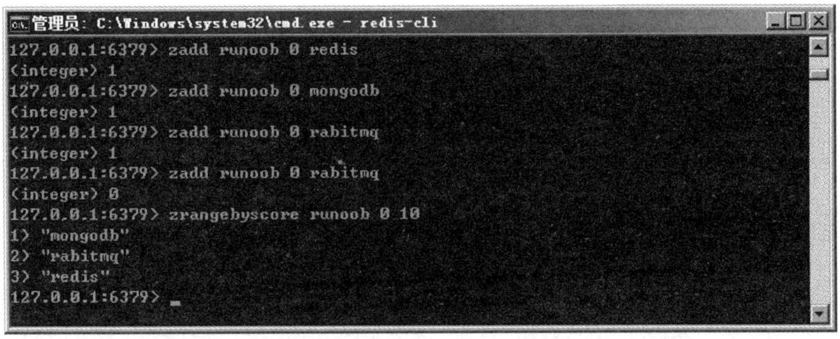

图 6.31　操作 sorted set 类型数据

获取 runoob 中的值,可以发现,在获取的 runoob 值中重复的数据并没有被添加进 runoob 集合中。

6.3.5　在 Python 中操作 Redis

首先使用 pip 命令安装 Redis 数据库,具体安装命令如下:

```
pip install redis
```

安装过程如图 6.32 所示。

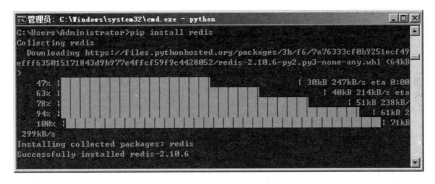

图 6.32　操作 sorted set 类型数据

安装成功后即可在 Python 中连接 Redis 并做出相应操作。在保证 Redis 服务开启时,首先导入 Redis 模块,通过指定主机和端口与 Redis 建立连接,具体示例如图 6.33 所示。

图 6.33 中指定本地主机和端口号 6379 来连接 Redis,并通过 set 方法指定 key 为 name 的值为 qianfeng,最后打印出 name 的值。

除了上述连接过程外,还可使用连接池管理 Redis 的连接,这种方式可避免每次建立与释放连接的内存开销,具体过程如图 6.34 所示。

在 Python 中连接到 Redis 后即可进行相应操作。

1. 操作 string 类型

操作 string 类型的方法较多,下面列举常用几个方法进行讲解。

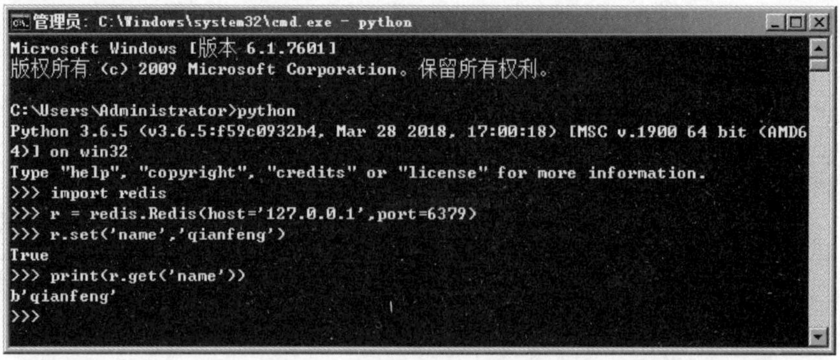

图 6.33　Python 中连接 Redis

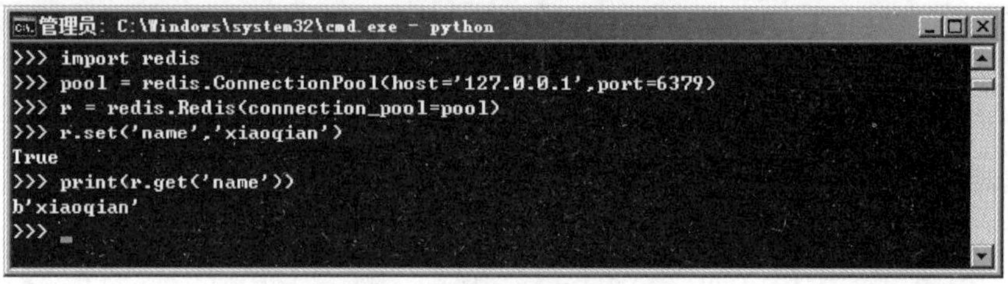

图 6.34　使用连接池连接 Redis

set(name, value, ex = None, px = None, nx = False, xx = False)

set()方法用于设置键值对，其中 name 表示键；value 表示值；ex 表示过期时间，单位为秒；px 表示过期时间，单位为毫秒；若 nx 设为 True，则表示只有 name 不存在时当前 set 操作才执行；若 xx 设为 True，则表示只有 name 存在时当前 set 操作才执行。

下面通过设置过期时间 ex 的值来演示 set()方法的使用，如图 6.35 所示。

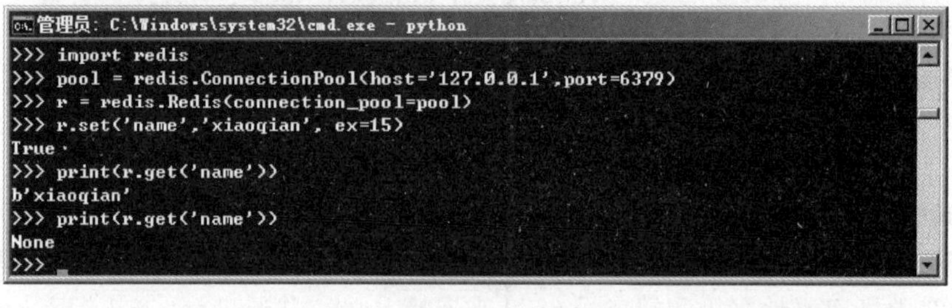

图 6.35　设置 ex 的值

图 6.35 中首先通过连接池连接到 Redis 对象，接着使用 set()方法设置 ex＝15，表示 15 秒后 name 的值为空。第一次打印时可打印出 name 的值为 xiaoqian，过 15 秒后再次打印时 name 的值为空。

setnx(name, value)

setnx()方法与 set()方法中的 nx 参数含义类似，只有当 name 不存在时才能进行设置操作。具体如图 6.36 所示。

图 6.36　setnx()方法的使用

从图 6.36 中可以看到,使用 set()方法设置了 name 值为 xiaoqian 后,再次使用 setnx()方法设置同样的值给 name,会返回 False,表示没有设置成功。

setex(name, value, time)

setex()方法可设置键值对,其中 time 表示过期时间,可以使用 timedelta 对象也可以使用数字秒。

psetex(name, time_ms, value)

psetex()方法设置键值对,其中 time_ms 表示过期时间,可使用 timedelta 对象或者数字毫秒。

mset(* args, ** kwargs)

mset()方法可批量设置键值对。

mget(keys, * args)

mget()方法用于批量获取键值,使用 mset()方法存储多个键值对后使用 mget()方法获取键值的示例如图 6.37 所示。

图 6.37　mset()与 mget()方法的使用

getset(name, value)

getset()方法用于设置新值并获取原来的值,具体示例如图 6.38 所示。

从图 6.38 中可以看到,使用 getset()方法打印出 name 的值为 xiaoqian,在 getset()中

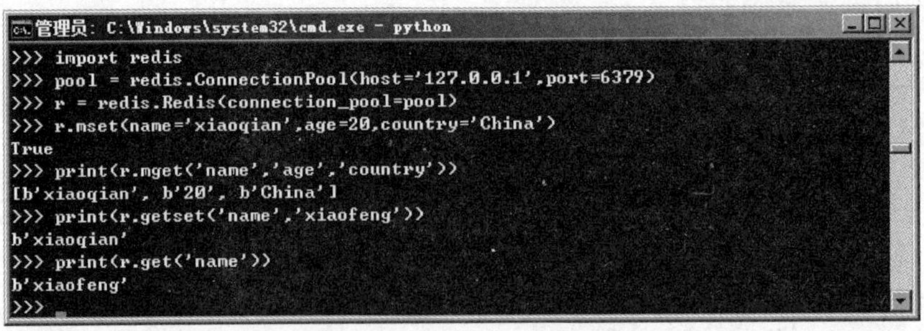

```
管理员: C:\Windows\system32\cmd.exe - python
>>> import redis
>>> pool = redis.ConnectionPool(host='127.0.0.1',port=6379)
>>> r = redis.Redis(connection_pool=pool)
>>> r.mset(name='xiaoqian',age=20,country='China')
True
>>> print(r.mget('name','age','country'))
[b'xiaoqian', b'20', b'China']
>>> print(r.getset('name','xiaofeng'))
b'xiaoqian'
>>> print(r.get('name'))
b'xiaofeng'
>>>
```

图 6.38　getset()方法的使用

设置 name 值为 xiaofeng 后使用 get()方法再次打印 name 的值，则为修改后的 xiaofeng。

2. 操作 hash 类型

下面讲解常用的操作 hash 类型的方法。

hset(name, key, value)

hset()方法用来设置 name 对应的 hash 数据中的一个键值对，若不存在则创建，若存在则进行修改。

hmset(name, mapping)

hmset()方法用来批量设置 name 对应的 hash 数据中的键值对，其中 mapping 是字典类型。

hget(name, key)

hget()方法用来获取 name 对应的 hash 数据中 key 的值。

hmget(name, keys, *args)

hmget()方法用于批量获取 name 对应的 hash 数据中多个 key 的值。其中 keys 是要获取的 key 集合，*args 是要获取的 key。

hash 类型操作示例如图 6.39 所示。

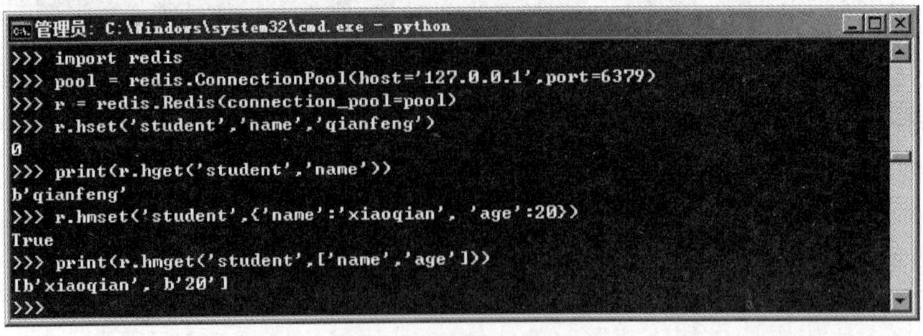

```
管理员: C:\Windows\system32\cmd.exe - python
>>> import redis
>>> pool = redis.ConnectionPool(host='127.0.0.1',port=6379)
>>> r = redis.Redis(connection_pool=pool)
>>> r.hset('student','name','qianfeng')
0
>>> print(r.hget('student','name'))
b'qianfeng'
>>> r.hmset('student',{'name':'xiaoqian', 'age':20})
True
>>> print(r.hmget('student',['name','age']))
[b'xiaoqian', b'20']
>>>
```

图 6.39　操作 hash 数据

3. 操作 list 类型

下面讲解操作 list 数据类型的几个常用方法。

```
lpush(name, * values)
```

lpush()方法用于在 name 对应的 list 中添加元素,新添加的元素在列表的最左边,其中 *values 表示可添加多个元素。

```
linsert(name, where, refvalue, value)
```

linsert()方法用于在 name 对应的 list 中的某个值前或值后插入一个新值,其中 where 可指定为 before 或 after；refvalue 表示某个值；value 表示要插入的值。

```
lset(name, index, value)
```

lset()方法用于在 name 对应的 list 中的某个索引位置赋值,其中 list 中的索引位置,value 表示要设置的值。

```
lrem(name, value, num)
```

lrem()方法用于在 name 对应的 list 中删除指定的值,其中 value 表示要删除的值,num 表示待删除值第几次出现,当 num＝0 时,表示删除列表中所有的指定值。

```
lpop(name)
```

lpop()方法用于在 name 对应的 list 中的左侧获取第一个元素,并在列表中移除和返回。

4. 操作 set 类型

下面讲解操作 set 数据类型的常用方法。

```
sadd(name, * values)
```

sadd()方法用于为 name 集合添加元素,其中 *values 表示要添加的多个元素。

```
scard(name)
```

scard()方法用于获取 name 集合中元素的个数。

```
smembers(self, name)
```

smembers()方法用于获取集合中所有的成员。

```
sdiff(self, keys, * args)
```

sdiff()方法用于获取多个 name 集合的差集。

5. 操作 sorted set 类型

下面讲解操作 sorted set(zset)类型的常用方法。

zadd(name, * args, * * kwargs)

zadd()方法用于在 name 对应的有序集合中添加元素以及元素对应的分数。

zcard(name)

zcard()方法用于获取 name 有序集合中元素的个数。

zrange(name, start, end, desc = False, withscores = False, score_cast_func = float)

zrange()用于按照索引范围获取 name 有序集合的元素，其中 start 和 end 表示有序集合索引的起始位置与结束位置；desc 表示排序规则，默认按照分数从小到大排序；withscores 表示是否获取元素的分数；score_cast_func 是对分数进行数据转换的函数。

zrem(name, * values)

zrem()方法用于删除 name 有序集合中值为 values 的多个成员。

zscore(name, value)

zscore()方法用于获取 name 有序集合中 value 对应的分数。

6.4 本章小结

本章主要介绍 Python 与 SQLite、MongoDB 以及 Redis 数据库的交互式使用，详细介绍了 MongoDB 数据库的使用方法，同时也介绍了分布式爬虫中经常用到的 Redis 的简单使用。大家需要重点掌握 MongoDB、Redis 的基础知识，这两种数据库在实际开发应用中经常被用到。

6.5 习　　题

1. 填空题

(1) _____是单文件数据库引擎，一个文件即是一个数据库，便于存储和转移。
(2) 在 SQLite 中，cursor.execute()作用是_____。
(3) 在 MongoDB 中，--dbpath 参数作用是_____。
(4) 在 MongoDB 中，_____是数据的基本单元。
(5) 在 MongoDB 的 shell 窗口中，使用_____命令可以查看所有的数据库。

2. 选择题

(1) 下列选项中，MongoDB 中的集合就是(　　)。

A. 一个数据库　　　　　　　　　　B. 一个文档
　　C. 一组文档　　　　　　　　　　　D. 数据的基本单元
(2) 下列选项中，MongoDB 中集合的命名规则不包括(　　)。
　　A. 集合名不能是空串　　　　　　　B. 不能含有空字符\0
　　C. 不能以"system."开头　　　　　　D. 可包含保留字符 $
(3) 下列选项中，(　　)是 MongoDB 默认端口号。
　　A. 27017　　　　B. 3306　　　　C. 6379　　　　D. 80
(4) 下列选项中，(　　)不属于 MongoDB 中的基本概念。
　　A. 文档　　　　　B. 集合　　　　C. 字典　　　　D. 数据库
(5) 下列选项中，(　　)不属于 NoSQL 数据库。(多选)
　　A. SQLite　　　　B. MongoDB　　　C. MySQL　　　D. Redis

3. 思考题
(1) 简述 MongoDB 适用的场景。
(2) 简述 MongoDB 中文档的概念。

4. 编程题
编写程序操作 MongoDB，将数据{"name":"qianfeng","age":18,"weight":"60"}，
{"name":"xiaoqian","age":17,"weight":"50"},{"name":"xiaofeng","age":19,"weight":"55"}插入数据库 test 中，并查询出 name 为 xianqian 的数据，最后删除文档。

第 7 章　抓取动态网页内容

本章学习目标
- 了解 JavaScript。
- 了解动态 HTML。
- 掌握 Selenium 库。

在爬虫工作中会碰到爬取到的数据与网页中看到的内容不一致的情况,出现这种情况很可能是因为抓取的网页是动态的,因此使用抓取静态页面的方法是行不通的。对于动态网页的抓取,在 Python 中通常有两种方法:一种是直接从 JavaScript 中采集加载的数据,这种方法需要手动分析 Ajax 请求来采集信息;另一种方法是使用 Python 第三方库运行动态网页中的 JavaScript 代码,从而采集到网页内容。本章内容主要讲解第二种方法的使用。

7.1　JavaScript 简介

动态 HTML(Dynamic HTML,DHTML)是指通过结合 HTML、客户端脚本语言(比如 JavaScript)、层叠样式表(CSS)和文档对象(Document Object Model,DOM)来创建的一种网页。其中客户端脚本语言是运行在浏览器而非服务器上的语言,浏览器执行脚本语言的前提是浏览器具有正确执行和解释这类语言的能力。

常见的客户端脚本语言只有两种:ActionScript(开发 Flash)和 JavaScript。其中 ActionScript 常用于流媒体文件播放以及在线游戏平台,并且 ActionScript 的使用率也很低,而采集 Flash 页面的需求并不多,因此本章主要介绍 JavaScript。

7.1.1　JS 语言特性

JavaScript 是一种运行在浏览器中的解释型编程语言,JavaScript 非常值得学习,它既适合作为学习编程的入门语言,也适合当作日常开发的工作语言。

每种编程语言都有自己的语言特性,只有了解语言的独到之处,才能更好地理解这门语言,JavaScript 语言也有其特性。

1. 解释型

编译型语言在计算机运行代码前,先把代码翻译成计算机可以理解的文件,如 Java、C++ 等;而解释型语言则不同,解释型语言在运行程序时才编译,如 JavaScript、PHP 等。

解释型语言的优点是可移植性较好,只要有解释环境就可在不同的操作系统上运行,无须编译,上手方便快速。缺点是需要解释环境,运行起来比编译型语言慢,占用资源多,代码效率低。

2. 弱类型

弱类型语言是相对强类型语言而言。在强类型语言中,变量类型有多种,如 int、char、float、boolean 等,不同的类型相互转换时可能需要强制转换。而 JavaScript 只有一种类型 var,为变量赋值时会自动判断类型并进行转换,因此 JavaScript 是弱语言。

弱类型语言的优点是学习简单、语言表达简单易懂、代码更优雅、开发周期更短、更加偏向逻辑设计,缺点是程序可靠性差、调试烦琐、变量不规范、性能低下等。

3. 动态性

动态性语言在变量定义时可不进行赋值操作,在使用时执行赋值操作即可。这种方式使得代码更灵活、方便。在 JavaScript 中有多处用到动态性,如获取元素、原型等。

4. 事件驱动

JavaScript 可以直接对用户或客户输入作出响应,无须经过 Web 程序。它对用户的响应以事件驱动的方式进行,即由某种操作动作引起相应的事件响应,如单击鼠标、移动窗口、选择菜单等。

5. 跨平台

JavaScript 依赖于浏览器本身,与操作环境无关。只要计算机能运行浏览器,且浏览器支持 JavaScript,即可正确执行,从而实现"编写一次,到处执行"。

7.1.2 JS 简单示例

JavaScript 可以收集用户的跟踪数据,不需要重载页面即可直接提交表单,可在页面中嵌入多媒体文件,甚至可以运行网页游戏等。在很多看起来非常简单的页面背后通常使用了许多 JavaScript 文件,通常是在网页源代码的< script >标签中,具体如下所示:

```
< script >
    alert("This creates a pop-up using JavaScript")
</script >
```

JavaScript 的语法通常与 C++ 和 Java 作对比,虽然语法中的一些元素,比如操作符、循环条件和数组等都和 Java、C++ 语法接近,但 JavaScript 的弱类型和脚本形式在开发时常常被人诟病。

例如,下面的 JavaScript 程序通过递归方式计算 Fibonacci 序列,最后将结果打印在浏览器的开发者控制台中:

```
< script >
function fibonacci(a,b){
        var nextNum = a + b;
        console.log(nextNum + " is in the Fibonacci sequence");
        if(nextNum < 100){
         fibonacci(b, nextNum);
        }
}
fibonacci(1,1);
</script >
```

需要注意的是,在 JavaScript 里所有的变量都用 var 关键字进行定义,这与 Java 和 C++ 里的类型声明类似,但在 Python 中没有这种显式的变量声明。

在 JavaScript 中有一个非常好的特性,就是把函数作为变量使用,如下所示:

```javascript
<script>
    var fibonacci = function() {
        var a = 1;
        var b = 1;
        return function(){
            var temp = b;
            b = a + b;
            a = temp;
            return b;
        }
    }
    var fibInstance = fibonacci();
    console.log(fibInstance() + "千锋教育")
    console.log(fibInstance() + "千锋教育")
    console.log(fibInstance() + "千锋教育")
</script>
```

将上述代码放入后缀名为.html 的文件中,使用 Firefox 浏览器打开该代码,按 F12 键打开调试界面并切换到控制台中,结果如图 7.1 所示。

图 7.1　JS 代码运行结果

在上述示例中,变量 fibonacci 被定义成一个函数,函数值返回一个递增序列中较大的值。每次当变量 fibonacci 被调用时就会返回 fibonacci 函数,程序继续执行序列计算,并增加函数变量的值。

在处理用户行为和回调函数时,把函数作为变量进行传递是非常方便的,大家在阅读 JavaScript 代码时必须适应这种编程方式。

7.1.3 JavaScript 库

当前，在大型互联网公司的不断推广下，JavaScript 生态圈也在不断完善，各种类库、API 接口层出不穷。在 Python 中执行原生 JavaScript 代码的效率非常低，尤其是在处理规模较大的 JavaScript 代码中体现得更明显，此时可以选择一种第三方库来直接解析 JavaScript 进而获取需要的数据。

jQuery 是一个快速、简洁的 JavaScript 框架，是继 Prototype 之后又一个优秀的 JavaScript 代码库（或 JavaScript 框架）。jQuery 设计的宗旨是"Write Less, Do More"，即倡导写更少的代码，做更多的事情。它封装了 JavaScript 常用的功能代码，提供一种简便的 JavaScript 设计模式，优化 HTML 文档操作、事件处理、动画设计和 Ajax 交互。

jQuery 的核心特性包括：具有独特的链式语法和短小清晰的多功能接口，具有高效灵活的 CSS 选择器，并且可对 CSS 选择器进行扩展，拥有丰富的插件和便捷的插件扩展机制。jQuery 兼容各种主流浏览器，如 IE 6.0+、Safari 2.0+、Opera 9.0+等。

如果一个网站使用了 jQuery，那么源代码中必然包含了 jQuery 的入口，具体如下所示：

```
<script src = "
    https://cdn.bootcss.com/jquery/1.12.4/jquery.min.js">
</script>
```

若一个网站使用了 jQuery，那么在采集数据时要格外注意，jQuery 可以动态地创建 HTML 内容，该内容只有在 JavaScript 代码执行之后才会显示。如果使用传统的方法采集页面数据，只能获取 JavaScript 代码执行之前页面上的内容。

另外，这些页面还可能包含动画、用户交互内容和嵌入式媒体等，这些内容对网络数据采集都是挑战。

7.1.4 Ajax 简介

通过 JavaScript 加载数据，在不刷新网页的情况下，更新网页内容的技术，称为 Ajax（Asynchronous JavaScript and XML，异步 JavaScript 和 XML）。

Ajax 是一种用于快速创建动态网页的技术。到目前为止，客户端与网站服务器通信的唯一方式是发出 HTTP 请求获取新页面。如果提交表单之后，或从服务器获取信息之后，网站的页面不需要重新刷新，那么访问的网站就在使用 Ajax 技术。在现实生活中，有很多使用 Ajax 的应用程序案例，例如新浪微博、Google 地图等。

需要注意的是，"这个网站是用 Ajax 写的"这个说法并不准确，正确的说法应该是"这个表单是用 Ajax 与网络服务器通信"。

与 Ajax 一样，动态 HTML（DHTML）也是一系列用于解决网络问题的技术集合。DHTML 是客户端语言改变页面的 HTML 元素（HTML、CSS，或二者皆被改变）。比如，页面上的按钮只有当用户鼠标移动后才出现，背景色可能每次单击都会改变，或者用一个 Ajax 请求触发页面加载一段新内容。从上可以看出，动态 HTML 与 Ajax 联系很紧密，甚至可以说，使用了 Ajax 的网页绝大部分都是动态 HTML。

7.2 爬取动态网页的工具

爬取动态网页时，常常使用Selenium库。Selenium库是一个强大的网络数据采集工具，其最初是为了网站自动化测试而开发。近几年，它还被广泛用于获取精确的网站快照，因为它可以直接运行在浏览器上。

7.2.1 Selenium库

Selenium(官网http://www.seleniumhq.org/)可以让浏览器自动加载页面，获取需要的数据，甚至页面截屏，或者判断网站上某些动作是否发生。

安装Selenium的过程很简单，在DOS命令窗口中输入如下命令即可安装成功：

```
pip install selenium
```

安装时默认Selenium的最新版本，即Selenium 3.x。Selenium 3.x相比Selenium 2.x能兼容高版本浏览器，但在调用浏览器时需要下载一些文件，比如调用Firefox时需安装geckodriver，调用Chrome时需安装chromedriver。

Selenium自身不带浏览器，它需要与第三方浏览器结合在一起使用。如果在Firefox浏览器上运行Selenium，可以看见Firefox窗口被自动打开，进入网站，并执行代码中设置的动作。

下面通过一个简单示例示范Selenium的用法，因为示例中要用到Firefox，并且还要能调动它，所以需要大家在计算机上事先安装好Firefox浏览器，并下载安装好geckodriver。geckodriver是Firefox浏览器的内核，下载地址为https://github.com/mozilla/geckodriver/releases/，注意下载时需对应本地安装的Firefox版本。

本书安装的Firefox版本为61，geckodriver版本为v0.21.0。解压geckodriver完成后，最好将其配置到系统环境变量中，具体配置方法为：右击"计算机"图标，选择"属性"→"高级系统设置"→"高级"→"环境变量"，然后在"环境变量"中单击Path选项并编辑，在后面添加上geckodriver所在文件目录即可。

在确保Firefox以及geckodriver都安装成功后，在PyCharm中运行以下示例代码：

```
from selenium import webdriver
from selenium.webdriver.common.keys import Keys
import time
driver = webdriver.Firefox()
driver.get("http://baidu.com/")
assert u"百度" in driver.title
elem = driver.find_element_by_name("wd")
elem.clear()
elem.send_keys(u"网络爬虫")
elem.send_keys(Keys.RETURN)
time.sleep(3)
assert u"网络爬虫." not in driver.page_source
driver.close()
```

运行上面程序后可以看到，浏览器 Firefox 自动打开了百度搜索网页，并自动搜索关键字"网络爬虫"，结果如图 7.2 所示。

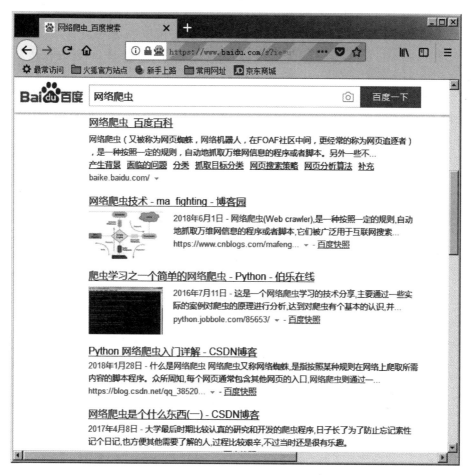

图 7.2　Selenium 自动打开 Firefox

从上述示例可以看出，首先使用 webdriver.Firefox() 获取 Firefox 的驱动，接着调用 get() 方法打开百度首页，判断标题中是否含有百度字样，接着通过元素名称 wd 获取输入框，通过 send_keys 方法将"网络爬虫"填写到输入框中，然后回车。延时 3 秒后，判断搜索页面中是否有"网络爬虫"字样，最后关闭 driver，图 7.2 中的页面也随之关闭。

需要注意的是，如果没有配置 geckodriver 的环境变量，就需要在代码中指明 geckodriver 的位置，比如 webdriver.Firefox("C:\python\geckodriver.exe")。

在开发工作中，如果每次运行类似的爬虫程序都会打开一个 Firefox 浏览器窗口，势必会干扰桌面上的其他工作，因此 Selenium 经常与无界面浏览器结合使用，在之前 Selenium 的低版本中，经常与 PhantomJS 浏览器结合使用，不过在高版本的 Selenium 中已不支持 PhantomJS 浏览器，可使用 Firefox 或 Chrome 的 headless 模式来代替。

7.2.2　PhantomJS 浏览器

PhantomJS 是一个"无头"（headless）浏览器，它会把网页加载到内存并执行网页中的

JavaScript，但是它不会向用户展示网页的图形界面。将 Selenium 和 PhantomJS 结合，可以较好地处理 Cookie、JavaScript 以及 header 等。

PhantomJS 的官方下载网址是 http://phantomjs.org/download.html。因为 PhantomJS 是一个功能完善的浏览器，并不是一个库，所以不能用安装第三方库的方法来安装 PhantomJS，只需要在官网上下载并解压即可，需要注意的是安装目录，因为在开发中会使用到。

在当下的互联网环境中，很多网页都是用 Ajax 动态来加载数据。下面通过爬取腾讯体育新闻网页（http://sports.qq.com/articleList/rolls/）的内容，来演示 Selenium 与 PhantomJS 的结合用法，如例 7-1 所示。

【例 7-1】 爬取腾讯体育新闻网页。

```
1   from bs4 import BeautifulSoup
2   from selenium import webdriver
3   import time
4   def getHTMLText(url):
5       driver = webdriver.PhantomJS(executable_path =
6           'C:\python3.6.5\phantomjs.exe')         #phantomjs的安装路径
7       time.sleep(2)
8       driver.get(url)                              #打开目标网页
9       time.sleep(2)
10      return driver.page_source                    #获取网页源码
11  def getNewslist(html):
12      soup = BeautifulSoup(html, 'html.parser')    #用HTML解析网址
13      tag = soup.find_all('div', attrs = {'class': 'listInfo'})
14      print(str(tag[0]))
15      return 0
16  def main():
17      url = 'http://sports.qq.com/articleList/rolls/'  #要访问的网址
18      html = getHTMLText(url)                      #获取HTML
19      getNewslist(html)
20  if __name__ == '__main__':
21      main()
```

运行程序，结果如图 7.3 所示。

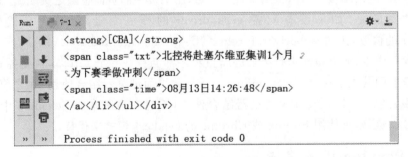

图 7.3　获取到腾讯体育新闻内容

从图 7.3 中可以看到已经成功抓取到相关内容,并且桌面上也没有打开任何浏览器页面。在例 7-1 中构建了两个函数:函数 getHTMLText(url) 用于获取指定网址的源码,其中第 5 行和第 6 行代码创建了一个 PhantomJS 对象,其中参数 executable_path 的值即 PhantomJS 的安装路径。函数 getNewslist(html) 通过 BeautifulSoup 获取标签为 div,其中一个属性 class="listInfo" 的所有数据。

需要注意的是,这里安装的 Selenium 版本是 Selenium 2.x,因为新版本的 Selenium 不再支持 PhantomJS,使用时会报"UserWarning:Selenium support for PhantomJS has been deprecated, please use headless versions of Chrome or Firefox instead"的错误。该错误指引用户使用"无头"的 Chrome 或者 Firefox 浏览器来代替 PhantomJS。下面讲解"无头"的 Firefox 浏览器与 Selenium 的结合使用。

7.2.3　Firefox 的 headless 模式

Firefox 的 headless 模式与 PhantomJS 类似,也看不到用户界面。实现 Firefox 的 headless 模式需要确保本地已安装 Firefox 以及 geckodriver。

下面演示 Firefox 的 headless 模式的使用,具体代码如例 7-2 所示。

【例 7-2】　使用 headless 模式的 Firefox 获取百度首页网页数据。

```
1    from selenium.webdriver import Firefox
2    from selenium.webdriver.firefox.options import Options
3    if __name__ == "__main__":
4        options = Options()
5        options.add_argument('-headless')              #开始 Firefox 的无头模式
6        driver = Firefox(executable_path = 'C:\python3.6.5\geckodriver.exe',
7            firefox_options = options)                 #配置环境变量后第一个参数可省
8        driver.get('http://www.baidu.com')
9        print(driver.page_source)
10       driver.quit()
```

运行该程序,结果如图 7.4 所示。

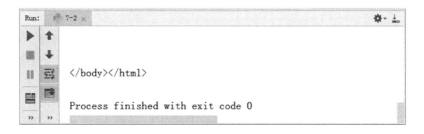

图 7.4　获取百度搜索源代码

从图 7.4 中可以看出,已经成功抓取到百度搜索源代码。从上面的程序可以看出,设置 Firefox 为 headless 模式的方式很简单,只需创建 Options() 对象并添加参数"-headless"即可。

利用上面的结论,例 7-1 也可使用 Firefox 浏览器实现,具体代码如例 7-3 所示。

【例7-3】 使用Firefox的headless模式爬取腾讯体育新闻网页。

```
1   from selenium.webdriver import Firefox
2   from selenium.webdriver.firefox.options import Options
3   from bs4 import BeautifulSoup
4   def getHTMLText(url):
5       options = Options()
6       options.add_argument('-headless')           #无头参数
7       driver = Firefox(executable_path = 'C:\python3.6.5\geckodriver.exe',
8           firefox_options = options)
9       driver.get(url)
10      return driver.page_source
11  def getNewsList(html):
12      soup = BeautifulSoup(html, 'html.parser')    #用HTML解析网址
13      tag = soup.find_all('div', attrs = {'class': 'listInfo'})
14      print(str(tag[0]))
15      return 0
16  def main():
17      url = 'http://sports.qq.com/articleList/rolls/'  #要访问的网址
18      html = getHTMLText(url)                          #获取HTML
19      getNewsList(html)
20  if __name__ == "__main__":
21      main()
```

运行程序,结果如图7.5所示。

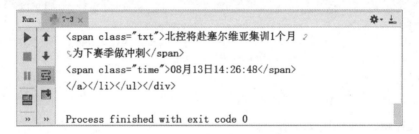

图7.5 获取到腾讯体育新闻内容

从图7.5中可以看出,使用Selenium和Firefox的headless模式也能获取到动态网页内容。

7.2.4 Selenium的选择器

在例7-1中,使用BeautifulSoup选择器选择页面中的元素,其实Selenium有自己的选择器,它在WebDriver的DOM中使用了全新的选择器来查找网页元素,具体如下所示:

```
driver.find_element_by_id('content')
driver.find_element_by_css_selector("#content")
driver.find_element_by_tag_name("div")
```

如果选取页面上具有多个同样特征的元素,可以用elements(换成复数)返回一个

Python 列表，具体如下所示：

```
driver.find_elements_by_id('content')
driver.find_elements_by_css_selector("#content")
driver.find_elements_by_tag_name("div")
```

具体的页面元素选取方法如表 7.1 所示。

表 7.1　元素选取方法

定位一个元素	定位多个元素	含　义
find_element_by_id	find_elements_by_id	通过元素 id 进行定位
find_element_by_name	find_elements_by_name	通过元素 name 进行定位
find_element_by_xpath	find_elements_by_xpath	通过 XPath 表达式进行定位
find_element_by_link_text	find_elements_by_link_text	通过完整超链接文本进行定位
find_element_by_partial_link_text	find_elements_by_partial_link_text	通过部分超链接文本进行定位
find_element_by_tag_name	find_elements_by_tag_name	通过标记名称进行定位
find_element_by_class_name	find_elements_by_class_name	通过类名进行定位
find_element_by_css_selector	find_elements_by_css_selector	通过 CSS 选择器进行定位

除了上面具有确定选择功能的方法外，还有两个通用方法 find_element 和 find_elements，可以通过传入参数来指定功能，具体如下所示：

```
from selenium.webdriver.common.by import By
driver.find_elements(By.XPATH, '//button[text() = "Some text"]')
```

上面示例代码通过 XPath 表达式来查找，方法中第一个参数是指定选取元素的方式，第二个参数是选取元素需要传入的值或表达式。其中第一个参数还可以传入 By 类中的以下值：

- By.ID
- By.XPATH
- By.LINK_TEXT
- By.PARTIAL_LINK_TEXT
- By.NAME
- By.TAG_NAME
- By.CLASS_NAME
- By.CSS_SELECTOR

下面通过选取一个 HTML 文档的部分元素来讲解如何使用以上方法提取内容，HTML 代码如下所示：

```
<html>
    <body>
        <h1>Welcome</h1>
        <p class = "content">用户登录</p>
        <form id = "loginForm">
```

```
        < input name = "username" type = "text">
        < input name = "password" type = "password">
        < input name = "continue" type = "submit" value = "Login">
        < input name = "continue" type = "button" value = "Clear">
        </form>
    < a href = "register.html">Register </a>
    </body>
</html>
```

选取方法如表7.2所示。

表7.2　选取网页中的元素

选 取 方 式	代 码 示 例
通过元素id进行定位	login_form = driver.find_element_by_id('loginForm')
通过元素name进行定位	username = driver.find_element_by_name('username') password = driver.find_element_by_name('password')
通过XPath表达式进行定位	login_form = driver.find_element_by_xpath("//form[@id= 'loginForm']") clear_button = driver.find_element_by_xpath("//input[@type= 'button']")
通过链接文本定位超链接	register_link = driver.find_element_by_link_text('Register') register_link = driver.find_element_by_partial_link_text('Reg')
通过标记名称进行定位	h1 = driver.find_element_by_tag_name('h1')
通过类名进行定位	content = driver.find_element_by_class_name('content')
通过CSS选择器进行定位	content = driver.find_element_by_css_selector('p.content')

另外，如果使用BeautifulSoup解析网页内容，那么可使用WebDriver的page_source函数返回页面的源代码字符串，具体如下所示：

```
pageSource = driver.page_source
bsObj = BeautifulSoup(pageSource)
print(bsObj.find(id = "content").get_text())
```

7.2.5　Selenium等待方式

现在很多网站采用Ajax技术动态加载数据，采集数据也只能等待数据加载完成之后。Selenium中设置了3种等待方式来确定数据加载完成：一种是显式等待，一种是隐式等待，还有一种是强制等待。

显式等待是一种条件触发式的等待方式，只有达到设置好的条件后才能继续执行程序，可设置超时时间，若超时后元素依然没加载完成，则抛出异常，具体如下所示：

```
from selenium import webdriver
from selenium.webdriver.common.by import By
from selenium.webdriver.support.ui import  WebDriverWait
```

```
from selenium.webdriver.support import expected_conditions as EC
url = "xxx.com"
driver = webdriver.Firefox()
driver.get(url)
try:
    element = WebDriverWait(driver, 10, 0.5).until(
        EC.presence_of_all_elements_located((By.ID, "element")))
finally:
    driver.quit()
```

上述代码加载了 URL 页面，并定位 id 为 element 的元素，设置超时时间为 10 秒。WebDriverWait 默认每 0.5 秒检测一次元素是否存在。

除了 presence_of_all_elements_located() 方法外，Selenium 还提供了很多内置方法用于显示等待，位于 expected_conditions 类中，方法名称如表 7.3 所示。

表 7.3　显式等待的内置方法

内置方法名	功　　能
title_is	判断当前页面的 title 是否等于预期内容
title_contains	判断当前页面的 title 是否包含预期字符串
presence_of_element_located	判断某个元素是否被加到了 DOM 中，并不代表该元素一定可见
visibility_of_element_located	判断某个元素是否可见
presence_of_all_elements_located	判断是否至少有 1 个元素存在于 DOM 中
text_to_be_present_in_element	判断某个元素中的 text 是否包含了预期的字符串
text_to_be_present_in_element_value	判断某个元素中的 value 属性是否包含了预期的字符串
frame_to_be_available_and_switch_to_it	判断该 frame 是否可以切换进去，如果可以，则返回 true 并切换进去，否则返回 false
invisibility_of_element_located	判断某个元素中是否不存在于 DOM 或不可见
element_to_be_clickable	判断某个元素是否可见并且 enable
staleness_of	等待某个元素从 DOM 中移除
element_to_be_selected	判断某个元素是否被选中，传入元素对象
element_located_to_be_selected	判断某个元素是否被选中，传入定位元组
element_selection_state_to_be	判断某个元素的选中状态是否符合预期，若相等，则返回 True，否则返回 False
element_located_selection_state_to_be	判断某个定位元组的选中状态是否符合预期，若相等，则返回 True，否则返回 False
alert_is_present	判断页面上是否存在 alert 框

相比于显示等待，隐式等待的时间通常比较长。隐式等待是在尝试发现某个元素时，如果没有立刻发现，就等待固定长度的时间。一旦设置了隐式等待时间，它的作用范围就是 Webdriver 对象实例的整个生命周期。对隐式等待时间可随时进行修改。

```
from selenium import webdriver
import time
driver = webdriver.Firefox()
```

```
driver.implicitly_wait(20)  #隐式等待,最长等20秒
driver.get('https://www.baidu.com')
time.sleep(3)
driver.quit()
```

隐式等待相比显式等待来说很不智能。因为随着Ajax技术的广泛应用,页面的元素往往都是局部加载,很可能在整个页面没有加载完时,需要的元素已经加载完成,此时就没有必要等待整个页面的加载,而隐式等待显然不是这样的。

强制等待是设置等待最简单的方法,其实就是time.sleep()方法,让程序暂停运行一定时间再继续执行。这种方法相比于隐式等待来说更加不智能,如果设置的时间太短,元素还没有加载出来,程序照样会报错;如果设置的时间太长,则会浪费时间。

7.2.6 客户端重定向

标准意义上的"重定向"指的是HTTP重定向,它是HTTP协议规定的一种机制。该机制的工作过程为:当client(客户端)向server(服务器)发送一个请求,要求获取一个资源时,在server接收到请求后发现资源实际存放于另一个位置,于是server在返回的response中写入请求该资源的正确URL,并设置response状态码为301(表示要求浏览器重定向的response),当client接收到这个response后就会根据新的URL重新发起请求。这也是客户端重定向的原理,客户端重定向的工作过程如图7.6所示。

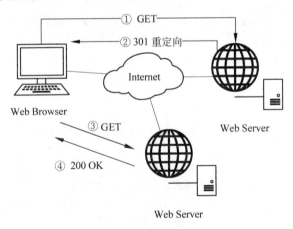

图7.6 重定向示例图

客户端重定向有一个典型的特征,当一个请求被重定向以后,最终浏览器地址栏上显示的URL往往不再是开始时请求的URL。

与客户端重定向对应的是服务器间跳转(即服务器重定向),服务器间的跳转在浏览器中并不会显示,请求的URL也不会有任何变化,但由于客户端重定向执行很快,加载页面时甚至感觉不到任何延迟,因此有时很难区分这两种重定向。但在网络数据采集时,这两种重定向的差异是非常明显的。服务器重定向一般都可以通过Python的urllib库解决,不需要使用Selenium,而客户端重定向则必须借助工具来执行JavaScript代码。

Selenium可以用来处理客户端重定向,执行方式和处理其他JavaScript的方式一样。

解决了如何处理重定向问题后,还有一个主要问题是如何识别一个页面已经完成了重定向。下面通过"http://pythonscraping.com/pages/javascript/redirectDemo1.html"示例页面演示客户端重定向的处理。该网址的示例为 2 秒延迟的重定向。具体代码如例 7-4 所示。

【例 7-4】 处理客户端重定向。

```
1   import time
2   from selenium.common.exceptions import StaleElementReferenceException
3   from selenium.webdriver import Firefox
4   from selenium.webdriver.firefox.options import Options
5   def waitForLoad(driver):
6       elem = driver.find_element_by_tag_name("html")
7       count = 0
8       while True:
9           count += 1
10          if count > 20:
11              print("10 秒后返回")
12              return
13          time.sleep(0.5)
14          try:
15              elem == driver.find_element_by_tag_name("html")
16          except StaleElementReferenceException:
17              return
18  def getDriver(url):
19      options = Options()
20      options.add_argument('-headless')
21      driver = Firefox(executable_path = 'C:\python\geckodriver.exe',
22              options = options)
23      driver.get(url)
24      return driver
25  url = "http://pythonscraping.com/pages/javascript/redirectDemo1.html"
26  driver = getDriver(url)
27  waitForLoad(driver)
28  print(driver.page_source)
```

运行程序,结果如图 7.7 所示。

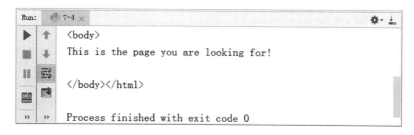

图 7.7 页面已经重定向

在浏览器的地址栏中输入程序中的 URL,仔细观察该网址,会发现 2 秒后该地址由 redirectDemo1.html 变为 redirectDemo2.html,说明客户端发生了重定向。

在例 7-4 中，程序每 0.5 秒检查一次网页，检看 html 标签是否存在，时限为 10 秒。页面开始加载时就监视 redirectDemo1.html 中 DOM 的 html 元素，然后重复调用该元素直到 Selenium 抛出一个 StaleElementReferenceException 异常，此时说明元素 html 已不在 DOM 中，网站已经完成跳转。

7.3 爬取动态网页实例

本节通过爬取百度图片（http://image.baidu.com）来演示动态网页数据的抓取过程及程序设计。

打开百度图片主页并搜索相应关键字，比如输入"表情包"，观察搜索出来的页面中会发现，该网页中没有页数可以选择，而且随着鼠标往下拉，搜索的图片数量会自动增加。这是因为该网页在加载图片时与服务器交互，动态地加载出网页页数与图片链接，从而实现该效果。

为了方便地分析出每个网页的链接以及每页中每个图片的链接，在搜索出来的网页中通过 F12 键调出调试界面，并切换到"网络"中的 XHR 下，如图 7.8 所示。

图 7.8　浏览器 XHR 中分析

XHR 英文全称为 XmlHttpRequest，Xml 即可扩展标记语言，Http 即超文本传输协议，Request 即请求，中文可以解释为可扩展超文本传输请求。XmlHttpRequest 对象可以在不向服务器提交整个页面的情况下，实现局部更新网页。当页面全部加载完毕后，客户端通过该对象向服务器请求数据，服务器端接收数据并处理后，向客户端反馈数据。

在页面中将鼠标指针向下滑，发现在 XHR 中会一直出现一个名为"acjson?tn=resultjson&ipn=…"的请求，单击该请求查看消息头，如图 7.9 所示。

图 7.9　分析信息头

将其中的请求网址复制出来，具体如下：

第一个请求
https://image.baidu.com/search/acjson?tn=resultjson_com&ipn=rj&ct=201326592&is=&fp=result&queryWord=表情包&cl=2&lm=-1&ie=utf-8&oe=utf-8&adpicid=&st=-1&z=&ic=0&word=表情包&s=&se=&tab=&width=&height=&face=0&istype=2&qc=&nc=1&fr=&pn=90&rn=30&gsm=5a1533438117669=

第二个请求
https://image.baidu.com/search/acjson?tn=resultjson_com&ipn=rj&ct=201326592&is=&fp=result&queryWord=表情包&cl=2&lm=-1&ie=utf-8&oe=utf-8&adpicid=&st=-1&z=&ic=0&word=表情包&s=&se=&tab=&width=&height=&face=0&istype=2&qc=&nc=1&fr=&pn=120&rn=30&gsm=781533438117744=

第三个请求
https://image.baidu.com/search/acjson?tn=resultjson_com&ipn=rj&ct=201326592&is=&fp=result&queryWord=表情包&cl=2&lm=-1&ie=utf-8&oe=utf-8&adpicid=&st=-1&z=&ic=0&word=表情包&s=&se=&tab=&width=&height=&face=0&istype=2&qc=&nc=1&fr=&pn=150&rn=30&gsm=961533439132834=

第四个请求
https://image.baidu.com/search/acjson?tn=resultjson_com&ipn=rj&ct=201326592&is=&fp=result&queryWord=表情包&cl=2&lm=-1&ie=utf-8&oe=utf-8&adpicid=&st=-1&z=&ic=0&word=表情包&s=&se=&tab=&width=&height=&face=0&istype=2&qc=&nc=1&fr=&pn=180&rn=30&gsm=b41533439132958=

第五个请求
https://image.baidu.com/search/acjson?tn=resultjson_com&ipn=rj&ct=201326592&is=&fp=result&queryWord=表情包&cl=2&lm=-1&ie=utf-8&oe=utf-8&adpicid=&st=-1&z=&ic=0&word=表情包&s=&se=&tab=&width=&height=&face=0&istype=2&qc=&nc=1&fr=&pn=210&rn=30&gsm=d21533439665692=

第六个请求

https://image.baidu.com/search/acjson?tn = resultjson_com&ipn = rj&ct = 201326592&is = &fp = result&queryWord = 表情包 &cl = 2&lm = - 1&ie = utf - 8&oe = utf - 8&adpicid = &st = - 1&z = &ic = 0&word = 表情包 &s = &se = &tab = &width = &height = &face = 0&istype = 2&qc = &nc = 1&fr = &pn = 240&rn = 30&gsm = f0&1533439665811 =

通过对比上面6个网址,可以发现除了参数 pn 与 gsm 以及最后一串数字变化外,其余参数字段均没有变化。经过测试,pn 字段为图片数量,每次有规律地增加30,代表每次增加30张图片数量,gsm 为两个十六进制数,最后一串数字为 UNIX 时间戳,是从当前时间转换而来。构造网页 URL 时可将 gsm 字段与时间戳忽略,因此每个网页的 URL 地址构造如下所示:

http://image.baidu.com/search/acjson?tn = resultjson_com&ipn = rj
&ct = 201326592&fp = result&queryWord = {word}"&cl = 2&lm = - 1&ie = utf - 8&oe = utf - 8
&st = - 1&ic = 0&word = {word}&face = 0&istype = 2nc = 1&pn = {pn}&rn = 30

获得每个网页地址后,还需要得到网页中每张图片的地址,将调试界面切换到查看器中,并且定位到第一张图片,如图7.10所示。

图7.10 查找图片地址

在图7.10中的源码中会发现有一个 objURL 字段,其对应的值就是图片的地址。第一张图片的 objURL 对应的值如下所示:

http%3A%2F%2Fimg.pconline.com.cn%2Fimages%2Fupload%2Fupc%2Ftx%2Fpcdlc%2F1707%2F07%2Fc24%2F52124801_1499426321142.jpg

上述图片地址并不是真正的图片地址,甚至不是正确的网址。这是因为图片的地址都经过了编码,所以在程序中需要对该地址进行解码,解码过程直接在程序中体现,这里不做讲解。

在 D 盘的 pythonSpiderFile 目录下新建 img 目录,用于存放下载下来的图片。接下来展示具体代码,如例 7-5 所示。

【例 7-5】 下载百度图片表情包。

```
1   #coding: utf-8
2   import os
3   import re
4   import urllib.request
5   import urllib.error
6   import itertools    #迭代器
7   str_table = {
8       '_z2C$q': ':',
9       '_z&e3B': '.',
10      'AzdH3F': '/'
11  }
12  intab = "wkv1ju2it3hs4g5rq6fp7eo8dn9cm0bla"
13  outtab = "abcdefghijklmnopqrstuvw1234567890"
14  trantab = str.maketrans(intab, outtab)
15  #解码图片地址
16  def deCode(url):
17      #先替换字符串
18      for key, value in str_table.items():
19          url = url.replace(key, value)
20      #再替换剩下的字符
21      d = url.translate(trantab)
22      return d
23  #获取动态的网页地址
24  def getMoreURL(word):
25      word = urllib.request.quote(word)
26      url = r"http://image.baidu.com/search/"\
27            "acjson?tn=resultjson_com&ipn=rj&ct=201326592&fp=result"\
28            "&queryWord={word}" \
29            r"&cl=2&lm=-1&ie=utf-8&oe=utf-8&st=-1&ic=0"\
30            "&word={word}&face=0&istype=2nc=1&pn={pn}&rn=30"
31      #itertools.count 0 开始,步长 30,迭代
32      urls = (url.format(word=word, pn=x) for x in itertools.count(start=0,
33             step=30))
34      return urls
35  def getHtml(url):
36      page = urllib.request.urlopen(url)
37      html = page.read().decode("utf-8")
38      return html
39  #得到所有正确的图片 url
40  def getImgUrl(html):
41      reg = '"objURL":"(.*?)"'    #图片网址正则表达式
```

```python
42      imgre = re.compile(reg)
43      imageList = imgre.findall(html)
44      imgUrls = []
45      for image in imageList:
46          imgUrls.append(deCode(image))
47      length = len(imgUrls)
48      print(length)
49      return imgUrls
50  #下载图片
51  def downLoad(urls, path):
52      global index
53      for url in urls:
54          print("Downloading:", url)
55          res = urllib.request.Request(url)
56          try:
57              response = urllib.request.urlopen(res, data=None, timeout=5)
58          except urllib.error.URLError as e:
59              if hasattr(e,'code'):
60                  error_status = e.code
61                  print(error_status, "未下载成功：", url)
62                  continue
63              elif hasattr(e,'reason'):
64                  print("time out", url)
65                  continue
66              continue
67          filename = os.path.join(path, str(index) + ".jpg")
68          urllib.request.urlretrieve(url, filename)
69          index += 1
70          if index - 1 == 100:
71              break
72  if __name__ == '__main__':
73      keyWord = "表情包"
74      index = 1
75      Savepath = "D:\pythonSpiderFile\img"
76      urls = getMoreURL(keyWord)
77      for url in urls:
78          downLoad(getImgUrl(getHtml(url)), Savepath)
79          #下载100个表情包
80          if index - 1 == 100:
81              break
```

运行程序，结果如图 7.11 所示。

打开 pythonSpiderFile 目录下的 img 目录，如图 7.12 所示。

例 7-5 中定义了 4 个函数：deCode()函数用于解码图片的地址，getMoreURL()函数用来获取网页地址，getImgUrl()函数是获取每页所有解码后的图片地址，最后 downLoad()函数负责下载图片。

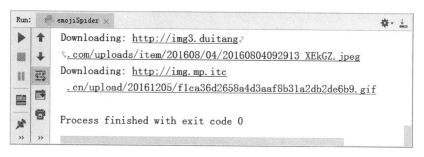

图 7.11 下载表情包

图 7.12 下载的表情包

7.4 本章小结

本章主要介绍了如何爬取动态网页内容,首先介绍了动态网页的概念以及如何判断是否为动态网页;接着介绍了爬取动态网页内容的组合工具——Selenium 与 PhantomJS;由于在新版本的 Selenium 中不再支持 PhantomJS 浏览器。因此又介绍了如何使用 Firefox 的 headless 模式与 Selenium 配合使用来爬取动态网页内容;最后介绍了客户端重定向的概念。学完本章,大家需要动手练习本章案例,务必掌握爬取动态网页内容的方法。

7.5 习　　题

1. 填空题

(1) JavaScript 是一种运行在_____中的解释型编程语言。

(2) JavaScript 使用_____关键字声明变量。

(3) JavaScript 代码在标签_____中。

(4) _____是一种用于快速创建动态网页的技术。

(5) Selenium 库可以让浏览器_____、_____、_____。

2. 选择题

(1) 下列选项中,(　　)是 JavaScript 框架。

  A. jQuery   B. flask

  C. Django   D. Tornado

(2) Selenium 是一个(　　)。

  A. 数据采集工具   B. 用于元素查找的工具

  C. 用于科学计算的库   D. Web 框架

(3) PhantomJS 是一个(　　)。

  A. 是 Python 第三方库   B. 无界面浏览器

  C. 用于解析动态 HTML   D. 是 Web 框架

(4) 下列选项中不属于 Selenium 中的 3 种等待方式的是(　　)。

  A. 显式等待   B. 隐式等待

  C. 懒惰等待   D. 强制等待

(5) 客户端重定向的一个典型特征是(　　)。

  A. 地址栏中 URL 不改变   B. 地址栏中 URL 改变

  C. 地址栏中 URL 消失   D. 请求在服务器间跳转

3. 思考题

(1) 简述 Ajax 技术。

(2) 简述客户端重定向的原理。

4. 编程题

编写程序使用 Selenium 与 headless 模式的 Firefox 抓取扣丁学堂首页(http://www.codingke.com/)数据。

第 8 章　浏览器伪装与定向爬取

本章学习目标
- 掌握浏览器伪装技术。
- 了解反爬虫机制。
- 掌握定向爬虫。

对互联网网站进行爬取时,有些网站可以识别出访问者是用户通过浏览器访问还是爬虫等自动化程序,若是检测出访问者是自动化程序,网站将会禁止该用户访问网站或进行其他操作。

8.1　浏览器伪装介绍

前几章已经介绍了一些简单的浏览器伪装技术,例如在爬取网站时,设置 headers 信息中的 User-Agent 字段。但在爬取大型网站时,仅添加 User-Agent 字段并不能满足需求。

8.1.1　抓包工具 Fiddler

使用计算机与外界通信时,必然有数据的传输,对这些传递的数据进行分析就需要截取数据。对数据进行截取、重发、编辑、转存的过程称为抓包。写爬虫程序时,尤其是定向爬虫时,会经常进行抓包操作,利用抓包软件可以极大地提升工作效率。

Fiddler 是一种常见的抓包分析软件,它能记录所有客户端和服务器的 HTTP 或 HTTPS 请求,允许监视,设置断点,甚至修改输入输出数据。使用 Fiddler 工具对开发和测试都有很大的帮助。Fiddler 的工作流程如图 8.1 所示。

图 8.1　Fiddler 工作流程

首先安装 Fiddler,从 Fiddler 官网(https://www.telerik.com/fiddler)下载.exe 文件后安装即可,打开 Fiddler,界面如图 8.2 所示。

安装好 Fiddler 之后,接下来就可通过 Fiddler 捕获浏览器与服务器之间的会话信息。本书使用的是版本为 61 的 Firefox 火狐浏览器,Fiddler 是以代理服务器的方式工作的,设置步骤如下:

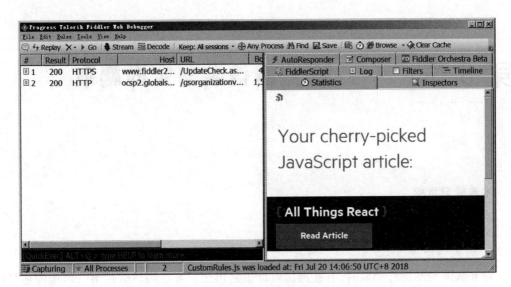

图 8.2　Fiddler 界面

首先单击"更多"菜单中的"选项"命令,如图 8.3 所示。

图 8.3　Firefox 的菜单选项

在新建的窗口中单击"常规"选项,下拉选择"网络代理",单击"设置"按钮,具体如图 8.4 所示。

图 8.4 Firefox 的菜单选项

因为 Fiddler 监控的地址是 127.0.0.1:8888,因此需设置 Firefox 的 HTTP 代理及端口号。单击"设置"后在弹出的对话框中选择"手动代理配置",并将"HTTP 代理(X)"设置为 127.0.0.1,"端口(P)"设置为 8888,如图 8.5 所示。

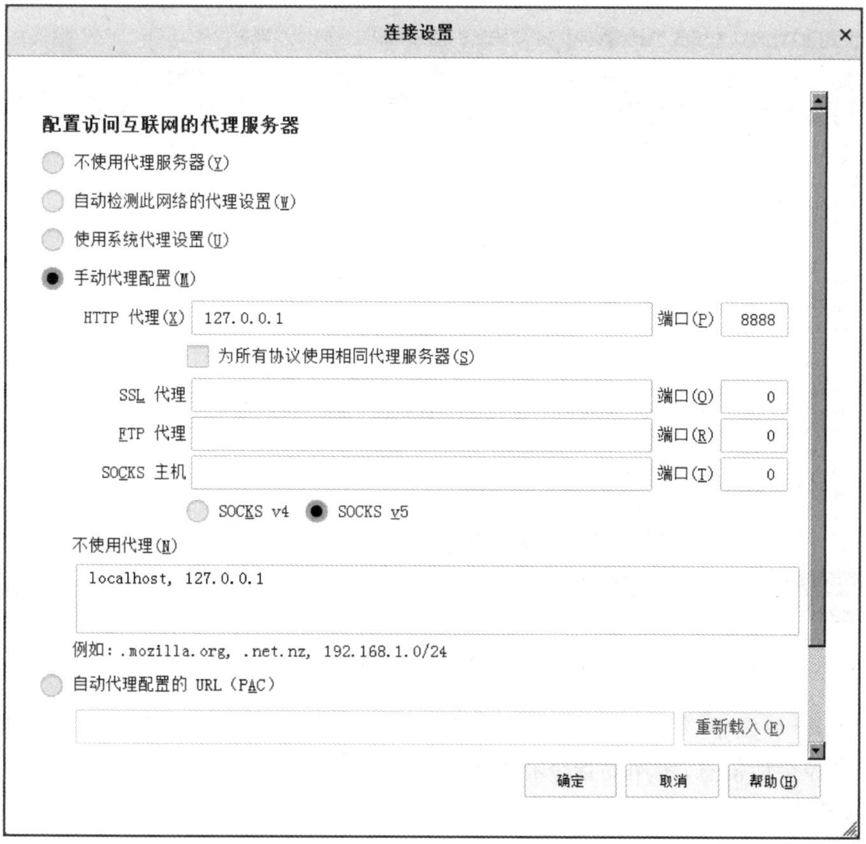

图 8.5 设置 Fiddler 监控地址

注意有的网站使用的是 HTTP 协议,也有使用 SSL 加密的 HTTPS 协议。打开 Fiddler,然后单击 Tools→Options 命令,在出现的对话框中选择 HTTPS 标签,如图 8.6 所示。

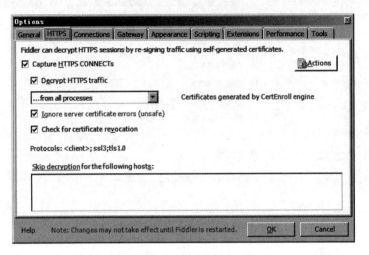

图 8.6　设置 HTTPS

接下来 Fiddler 就可以捕获 Firefox 浏览器与服务器通信的 HTTP/HTTPS 会话信息。打开任意网址后在 Statistics 中即可显示该页面的统计信息,如图 8.7 所示。

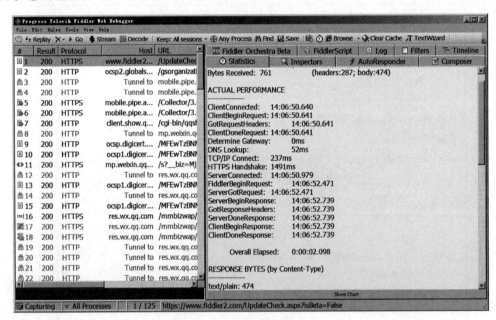

图 8.7　Fiddler 页面统计信息

在 Fiddler 界面中,如图 8.7 所示,可看到在对话框正下方有一个输入框,可以输入相应的指令来操控会话信息,常用的指令有如下几种。

1. cls 命令

输入 cls 指令可以清空会话列表。

2. select

通过 select 命令可以选择指定类型会话，例如"select html"选择网页类型会话。

3. ?

该命令可以找出网址中包含某些字符的会话信息，例如"?data2"可以找出网址中包含"data2"字符串的会话信息。

4. help

help 可以打开 Fiddler 官方的使用手册，以方便 Fiddler 的学习。

Fiddler 中一个很重要的功能是设置断点，在客户端和服务器传递数据时，Fiddler 可以在传递的中间进行修改后再传递，这就是断点功能。

Fiddler 断点作用如下：

- 拦截响应数据，并可进行修改。
- 修改请求数据头信息，模拟用户请求。
- 构建请求数据并提交。
- 响应时断点。
- 请求时断点。

这里主要讲解 Fiddler 的响应时断点。服务器能接收到客户端的请求并做出响应，响应之后将信息返回，返回的信息会先经过 Fiddler，Fiddler 接收到信息之后，将数据截取并中断信息的传递，此时信息会在 Fiddler 停留，客户端暂时无法接收到服务器的响应信息。此时 Fiddler 就可以对服务器的响应数据进行相应的修改，修改后再将数据传递给客户端。

响应断点设置过程为：单击 Fiddler 中的 Rules→Automatic Breakpoints→After Response。设置完成后，通过 Firefox 浏览器访问扣丁学堂官网（www.codingke.com），就会发现在 Fiddler 的界面中，"www.codingke.com"的会话前方图标变为"响应在断点处被暂停"的标志，如图 8.8 所示。

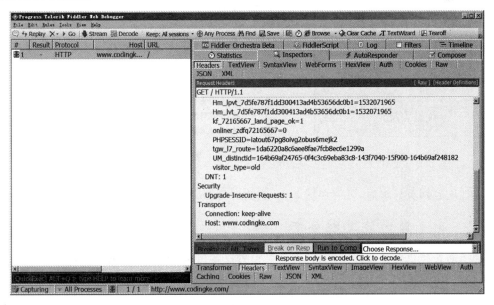

图 8.8 设置相应断点

此时响应信息已被 Fiddler 截取,Firefox 中扣丁学堂官网一直显示在等待响应,此时可对响应信息进行编辑处理后再返还给 Firefox。若需要取消响应中断,则可以通过 Rules→Automatic Breakpoints→Disabled 进行设置。

除了图形化设置响应中断外,还可以在输入框中通过 bpu 命令设置中断请求,具体如下所示:

```
bpu www.codingke.com
```

这种方法只会设置中断请求扣丁学堂官网,而不会影响其他网站,再次输入 bpu 指令可以取消中断。设置中断之后,访问网站时会在 Fiddler 处暂停请求信息的传递,此时网页一直在加载中,且不显示任何内容。

在 Fiddler 的会话列表中,有时会话信息会比较多,想要查找到需要的会话信息,可以使用 Fiddler 的会话查找功能。在会话列表中可以使用 Ctrl+F 快捷键快速调出会话查找界面,在出现的 Find 界面处输入需要查找的关键词,然后单击 Find Sessions 按钮,相关的会话信息就会在会话列表中高亮标注并显示,从而可方便快速地找到相关信息,如图 8.9 所示。

Fiddler 在抓取到网页请求后各个图标的含义如图 8.10 所示。

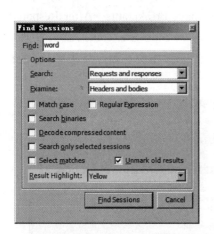

图 8.9　会话查找　　　　　　　　　图 8.10　Fiddler 图标含义

在抓取到网页请求后,可对照图 8.10 查找对应图标含义。

8.1.2　浏览器伪装过程分析

为了防止爬虫恶意访问网站,开发者会设置反爬虫机制,常见的反爬虫机制主要有以下几种:

- 通过分析用户请求的 headers 信息检测是否是爬虫。
- 通过检测同一个 IP 是否短时间内频繁访问网站的行为。

- 通过生成动态页面增加爬取的难度。

大部分反爬虫的网站会对用户请求的 headers 信息的 "User-Agent" 字段进行检测，以此判断用户身份。因此，在爬虫中就需要构造用户请求的 headers 信息，高度伪装浏览器，对用户请求的 headers 信息中常见的字段进行设置。

检测 IP 地址的反爬虫机制可以使用代理 IP 地址的技术解决，动态网页则可以利用 Selenium 结合浏览器的 headless 模式进行爬取。

在学习浏览器伪装技术之前必须了解网络请求中的 headers 信息基本原理结构。首先打开 Firefox 浏览器与 Fiddler，单击该会话信息，在 Fiddler 的右侧窗格中，将 Inspectors 切换为 headers，可以看到用户请求的 headers 的具体信息，如图 8.11 所示。

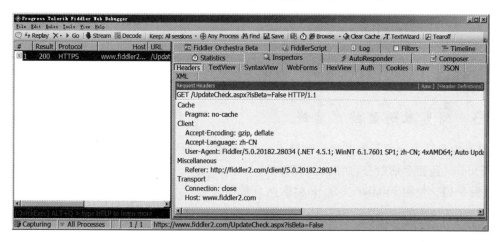

图 8.11　会话信息中的 headers 信息

在通过浏览器访问网址时，会向服务器发送一些 headers 信息，服务器会根据对应的用户请求头信息生成一个网页内容并返回给浏览器。在这个过程中，当服务器接收到这些头信息之后，可以获知当前浏览器的状态，从而分析出请求的用户是否为爬虫，然后决定做出某种反应。

接下来详细介绍头部信息以及各个字段的含义，如表 8.1 所示。

表 8.1　headers 关键字含义

字　段	含　义
Accept	表示浏览器可支持的内容有哪些
text/html	表示是 HTML 文档
application/xhtml+xml	表示是 XHTML 文档
application/xml	表示 XML 文档
q	代表权重系数，介于 0~1
Accept-Encoding	表示浏览器支持的压缩编码
gzip	压缩编码的一种
deflate	一种无损数据压缩算法
Accept-Language	表示浏览器支持的语言类型
zh-CN	表示简体中文语言 zh 表示中文 CN 表示简体
en-US	表示英语语言

续表

字 段	含 义
User-Agent	表示用户代理、服务器根据此字段识别出客户端的浏览器信息、版本号、客户端操作系统版本号、网页排版引擎等信息
Mozilla/5.0	表示浏览器名称与版本
WindowsNT6.1	客户端操作系统信息
Gecko	网页排版引擎信息
firefox	表示 Firefox 浏览器
Connection	客户端与服务器的连接类型： keep-alive 表示持久性连接 close 表示单方面关闭连接
Host	表示请求的服务器地址
Referer	表示来源地址

根据如表 8.1 所示的常见字段含义，可以根据需求构造对应的 headers 数据。

8.1.3 浏览器伪装技术实战

以上内容简要介绍了浏览器伪装技术的基础知识，接下来通过实例讲解该技术的使用，通过 Fiddler 监控会话信息，如例 8-1 所示。

【例 8-1】 使用 Fiddler 代理 IP 爬取网页数据。

```
1  import urllib.request
2  import http.cookiejar
3  url = "http://news.163.com/16/0825/09/BVA8A9U500014SEH.html"
4  cjar = http.cookiejar.CookieJar()
5  proxy = urllib.request.ProxyHandler({'http':"127.0.0.1:8888"})
6  opener = urllib.request.build_opener(proxy,urllib.request.HTTPHandler,
7              urllib.request.HTTPCookieProcessor(cjar))
8  urllib.request.install_opener(opener)
9  data = urllib.request.urlopen(url).read()
10 fhandle = open("D:/file/qqq.html", 'wb')
11 fhandle.write(data)
12 fhandle.close()
```

运行程序，结果如图 8.12 所示。

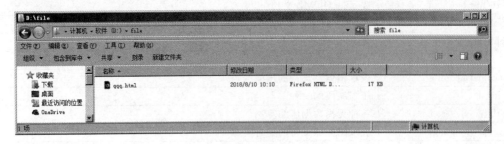

图 8.12 保存的网页文件

此时检查 Fiddler 捕获的对应会话信息,如图 8.13 所示。

图 8.13 Fiddler 捕获的信息

单击会话信息,在右侧窗格将 Inspectors 切换为 Headers,就可以观察到用户请求的 headers 信息,如图 8.14 所示。

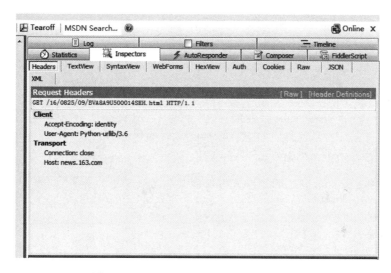

图 8.14 Fiddler 捕获的会话 headers 信息

从图 8.14 可以看出,允许的编码类型是 identity,用户代理是"Python-urllib/3.6"。查看下载保存的文件"D:/file/qqq.html",由此可知,该网站没有建立 headers 反爬虫机制,但是绝大多数网站都会设置这一反爬虫机制,因此稳妥的做法是:无论网站是否有反爬虫机制,都需要伪装浏览器进行爬取。

在 Python 中可以通过 opener.addheaders 为爬虫添加 headers 信息,headers 信息需要符合特定规范,具体如下所示:

```
headers = {
    "Accept":"text/html,application/xhtml + xml,
            application/xml;q = 0.9, * /8;q = 0.8",
    "Accept - Language":"zh - CN,zh;q = 0.8,en - US;q = 0.5,en;q = 0.3",
    "User - Agent":"Mozilla/5.0 (Windows NT 10.0; Win64; x64; rv:58.0)
            Gecko/20100101 Firefox/58.0",
    "Connection":"keep - alive",
    "referer":"http://www.163.com/"
}
```

带有指定 headers 的程序如例 8-2 所示。

【例 8-2】 设置 headers 信息后爬取网页。

```
1   import urllib.request
2   import http.cookiejar
3   url = "http://news.163.com/16/0825/09/BVA8A9U500014SEH.html"
4   #以字典的形式设置 headers
5   headers = {
6       "Accept":"text/html,application/xhtml+xml,
7                application/xml;q=0.9,*/8;q=0.8",
8       "Accept-Language":"zh-CN,zh;q=0.8,en-US;q=0.5,en;q=0.3",
9       "User-Agent":"Mozilla/5.0 (Windows NT 10.0; Win64; x64; rv:58.0)
10                   Gecko/20100101 Firefox/58.0",
11      "Connection":"keep-alive",
12      "referer":"http://www.163.com/"
13  }
14  #使用 Cookiejar
15  cjar = http.cookiejar.CookieJar()
16  proxy = urllib.request.ProxyHandler({'http':"127.0.0.1:8888"})
17  opener = urllib.request.build_opener(
18                  proxy, urllib.request.HTTPHandler,
19                  urllib.request.HTTPCookieProcessor(cjar))
20  #建立空列表,以指定格式存储头信息
21  headall = []
22  #for 循环遍历字典,构造出指定格式的 headers 信息
23  for key,value in headers.items():
24      item = (key,value)
25      headall.append(item)
26  #添加指定格式的 headers 信息
27  opener.addheaders = headall
28  #将 opener 安装为全局
29  urllib.request.install_opener(opener)
30  data = urllib.request.urlopen(url).read()
31  fhandle = open("D:/file/qqq.html", "wb")
32  fhandle.write(data)
33  fhandle.close()
```

在例 8-2 中,将 headers 中各个字段信息先以字典的形式赋值给一个变量,再构造出一个新的变量存储一个空列表,随后通过 for 循环遍历上述字典类型的变量,并且重构为元组,每次 for 循环中都将添加新的元组到列表 headall 变量中,变量 headall 具体如下所示:

```
[('Accept','text/html,application/xhtml+xml,application/xml;
        q=0.9,*/8;q=0.8'),
('Accept-Language', 'zh-CN,zh;q=0.8,en-US;q=0.5,en;q=0.3'),
('User-Agent', 'Mozilla/5.0 (Windows NT 10.0; Win64; x64; rv:58.0)
        Gecko/20100101 Firefox/58.0'),
('Connection', 'keep-alive'),
('referer', 'http://www.163.com/')]
```

程序中设置了代理服务器地址为 127.0.0.1:8888（Fiddler 的监控地址），随后设置 headers 信息，并将指定的 headers 信息通过 opener.addheaders 方法添加到爬虫中，程序运行结束后可以看到 Fiddler 中截获了会话信息，如图 8.15 所示。

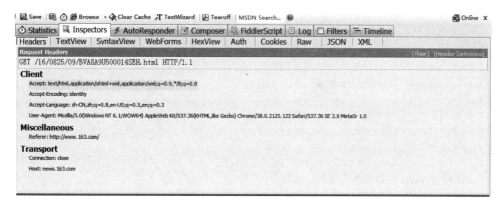

图 8.15　Fiddler 截获的会话 headers 信息

打开文件 qqq.html，结果如图 8.16 所示。

图 8.16　爬取保存的网易新闻页面

例 8-2 中将 Fiddler 设置为代理服务器，目的是为了方便抓包分析，在实际工作中是不需要此步骤的，去掉代理服务器的程序如例 8-3 所示。

【例 8-3】　实际工作中爬取网页的过程。

```
1   import urllib.request
2   import http.cookiejar
3   url = "http://www.1000phone.com"
4   #以字典的形式设置 headers
```

```
 5    headers = {
 6        "Accept":"text/html,application/xhtml+xml,
 7                 application/xml;q=0.9,*/8;q=0.8",
 8        "Accept-Encoding":"gb2312,utf-8",
 9        "Accept-Language":" zh-CN,zh;q=0.8,en-US;q=0.5,en;q=0.3",
10        "User-Agent":"Mozilla/5.0 (Windows NT 10.0; Win64; x64; rv:58.0)
11                 Gecko/20100101 Firefox/58.0",
12        "Connection":"keep-alive",
13        "referer":"1000phone.com"
14    }
15    #使用Cookiejar处理Cookie
16    cjar = http.cookiejar.CookieJar()
17    opener = urllib.request.build_opener(
18        urllib.request.HTTPCookieProcessor(cjar))
19    #建立空列表,以指定格式存储头信息
20    headall = []
21    #for循环遍历字典,构造出指定格式的headers信息
22    for key,value in headers.items():
23        item = (key,value)
24        headall.append(item)
25    #添加指定格式的headers信息
26    opener.addheaders = headall
27    #将opener安装为全局
28    urllib.request.install_opener(opener)
29    data = urllib.request.urlopen(url).read()
30    fhandle = open("D:/file/eee.html","wb")
31    fhandle.write(data)
32    fhandle.close()
```

运行该程序,在D盘的file目录下打开eee.html文件,如图8.17所示。

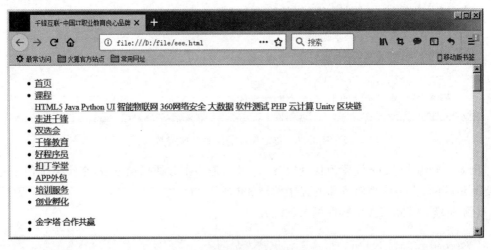

图8.17 爬取保存的千锋官网首页

例8-3中将千锋官网首页保存到本地"D:/file/eee.html"文件中,在该程序中除了添加headers信息外,还使用Cookiejar处理Cookie,在实际工作中一般两者是配合使用的。

8.2 定向爬虫

定向爬虫就是指定某一些网站的数据作为数据来源,并对这些数据进行爬取。定向爬虫有别于传统的搜索引擎爬虫,传统的搜索引擎爬虫主要是针对整个互联网的数据进行爬取并进行数据分析,难度很大。定向爬虫则只有单个或者少量的网站作为数据源头,抓取整个网站有用的数据以及图片等信息。

8.2.1 定向爬虫分析

在海量数据的互联网中,不可能漫无目的地爬取,因此需要指定爬取的主题以及相应的爬取策略与爬取规则,这样才能在较短的时间内尽可能多地提取与主题相关的信息。构建爬虫主题策略与爬取规则如下所示:
- 构建爬取网址和内容的过滤筛选规则。
- 构建 URL 排序算法,指明爬虫优先爬取的网页,因为在资源有限的情况下,不同的爬取顺序,执行结果也不同。

本节讲解实现定向爬虫的步骤,具体如下所示:
- 确定爬取的目的,这一步使得爬取规则精确。
- 确定网址的筛选规则,在网址数量较多的爬虫任务中,若需要抓取某些有规律的内容,可以设置对应的正则表达式,爬取满足格式的网址,从而提高爬取效率。
- 设置内容采集的规则,这一步可以提取出重要的信息,主要通过正则表达式来筛选。
- 规划采集流程,使用多线程爬虫。小规模的爬虫单线程即可完成任务,如果爬取任务规模较大,为了提高效率,可以使用多个爬虫或者多线程爬虫。
- 采集结果清洗。完成采集后,结果难免不够准确,需要对结果进行清洗,如编码、解码、去重等操作。
- 存储数据。按需将结果存储到数据库,可以进行后续操作。

上述过程使用流程图表示,如图 8.18 所示。

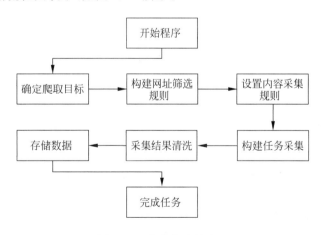

图 8.18 定向爬取的流程

对于上述定向爬虫的过程,核心步骤仍在信息筛选这一部分,信息筛选的策略一般有如下两种:

- 构建正则表达式进行筛选,通过正则表达式构建对应信息模式,根据此模式匹配符合格式的内容。
- 使用 XPath 语言查找信息,XPath 表达式可以在 XML 文档中快速查找对应的信息。

8.2.2 定向爬虫实战

本节内容对"最好大学网"中排名前 20 的大学进行定向爬取,分别爬取各个学校的"排名""学校名称""新生高考成绩得分"3 个部分。首先打开网站首页(http://www.zuihaodaxue.cn/shengyuanzhiliangpaiming2018.html),如图 8.19 所示。

图 8.19 "最好大学网"首页

在页面中使用 F12 键打开调试界面,会发现需要爬取的数据"排名""学校名称""新生高考成绩得分"都在标签< tr >中,如图 8.20 所示。

此时可以使用 BeautifulSoup 模块快捷地定位到数据位置。接下来通过 Python 程序爬取当前页前 20 所大学的信息,代码如例 8-4 所示。

【例 8-4】 爬取前 20 所大学信息。

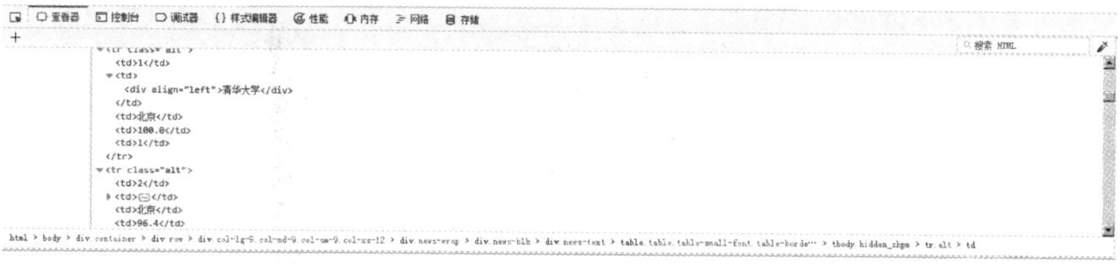

图 8.20 定位数据位置

```
1   import urllib.request
2   import http.cookiejar
3   from bs4 import BeautifulSoup
4   import bs4
5   def getHTMLText(url):
6       headers = {"Accept": " text/html,application/xhtml + xml, application /
7                   xml;q = 0.9, * / *;q = 0.8",
8       "Accept - Encoding": " gb2312,utf - 8",
9       "Accept - Language": " zh - CN,zh;q = 0.8,en - US;q = 0.5,en;q = 0.3",
10      "User - Agent": " Mozilla/5.0 (Windows NT 10.0; Win64; x64;rv: 58.0)
11                   Gecko / 20100101 Firefox / 58.0",
12      "Connection": "keep - alive",
13      "referer": "zuihaodaxue.cn"}
14      cjar = http.cookiejar.CookieJar()
15      opener = urllib.request.build_opener(
16          urllib.request.HTTPCookieProcessor(cjar))
17      headall = []
18      for key, value in headers.items():
19          item = (key, value)
20      headall.append(item)
21      opener.addheaders = headall
22      urllib.request.install_opener(opener)
23      try:
24          data = urllib.request.urlopen(url).read().decode("utf - 8")
25          return data
26      except:
27          return ""
28  def fillUnivList(ulist, html):
29      soup = BeautifulSoup(html, "html.parser")
30      for tr in soup.find('tbody').children:
31          if isinstance(tr, bs4.element.Tag):
32              tds = tr('td')
33              ulist.append([tds[0].string, tds[1].string, tds[3].string])
34  def printUnivList(ulist, num):
35      #格式化输出
36      tplt = "{0:^10}\t{1:{3}^10}\t{2:^10}"
37      print(tplt.format("排名", "学校名称", "新生高考成绩总得分", chr(12288)))
38      for i in range(num):
```

```
39            u = ulist[i]
40            print(tplt.format(u[0], u[1], u[2], chr(12288)))
41        print("Suc" + str(num))
42 if __name__ == "__main__":
43     uinfo = []
44     url = "http://www.zuihaodaxue.cn/shengyuanzhiliangpaiming2018.html"
45     html = getHTMLText(url)
46     fillUnivList(uinfo, html)
47     printUnivList(uinfo, 20)
```

运行程序,结果如图 8.21 所示。

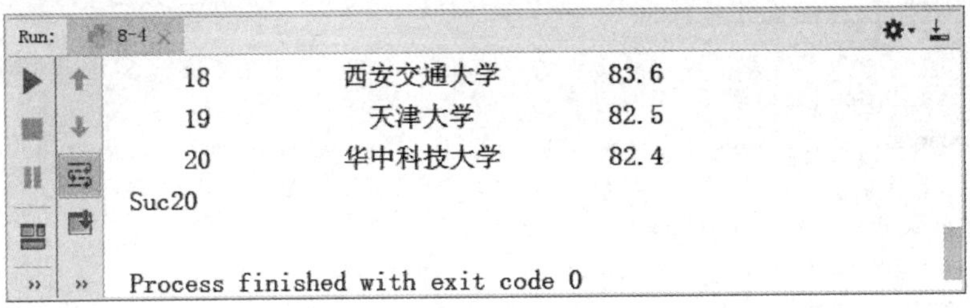

```
Run:  8-4
  18       西安交通大学      83.6
  19       天津大学         82.5
  20       华中科技大学      82.4
Suc20

Process finished with exit code 0
```

图 8.21 爬取结果

例 8-4 中的程序伪装成浏览器爬取需要的数据,自定义了 3 个函数,其中 getHTMLText(url)用于获取网页内容;fillUnivList(ulist, html)用于解析网页内容并保存信息到 ulist 中,其中解析网页内容使用 BeautifulSoup 模块;fillUnivList(ulist, html)函数用于格式化输出爬取到的数据。

8.3 本章小结

本章主要讲解了爬虫伪装为浏览器以及定向爬取网页内容。在使用爬虫爬取网页内容时,最稳妥的做法是伪装浏览器进行爬取。在定向爬取网页时,需要使用抓包工具分析网址的变化。学习完本章内容,大家一定要掌握浏览器伪装技术以及定向爬虫这两个知识点,在以后的开发中会经常使用到。

8.4 习 题

1. 填空题

(1) 对数据进行截取、重发、编辑、转存的过程称为_____。
(2) Fiddler 监控的默认地址是_____。
(3) 在 Fiddler 界面中的输入框中输入_____指令可以清空会话列表。
(4) 在请求 headers 中,Host 字段表示_____。
(5) 在 Python 中可以通过_____为爬虫添加 headers 信息。

2. 选择题

(1) 下列选项中,爬虫程序伪装浏览器可以通过(   )。

A. 使用谷歌浏览器 B. 使用 IE 浏览器
C. 使用 360 浏览器 D. 构造请求的 headers 信息

(2) 下列选项中,网站检测请求的 IP 地址时可通过( )的方式解决。
A. 使用代理 IP B. 设置超时时间
C. 设置 User-Agent 字段 D. 模拟浏览器

(3) 下列选项中,( )不属于反爬虫机制。
A. 检测用户请求的 headers 信息 B. 生成动态网页
C. 检测同一 IP 频繁访问 D. 网址永久重定向

(4) 下列选项中表述定向爬虫不正确的是( )。
A. 特定网站的数据作为数据源 B. 需要对 URL 排序
C. 核心步骤是信息的筛选 D. 爬取目标为整个互联网

(5) 定向爬虫在信息筛选时可选择( )(多选)。
A. 正则表达式 B. XPath
C. 人工筛选 D. 模糊查找

3. 思考题
(1) 简述 Python 网络爬虫如何伪装浏览器。
(2) 简述 Python 定向网络爬虫的实现步骤。

4. 编程题
编写程序用伪装浏览器的方法保存扣丁学堂首页信息文件。

第 9 章　初探 Scrapy 爬虫框架

本章学习目标
- 掌握爬虫 Scrapy 框架结构。
- 掌握爬虫 Scrapy 框架项目管理。
- 掌握爬虫 Scrapy 框架命令工具。

在前面的章节中，爬虫项目都是通过手写的方式去实现，进度很慢，若是有一套相对完善的爬虫框架，编写少量代码就可以实现更复杂的功能，相信项目的开发效率会大大提升。Scrapy 框架是由 Python 开发的 Crawler Framework（爬虫框架），其结构轻巧、使用方便。Scrapy 使用 Twisted 异步网络库来处理网络通信，架构清晰，并且包含了各种中间件接口，方便满足各种需求。

9.1　了解爬虫框架

相信有过开发经验的程序员都有封装代码的经验，即将一些常用的代码封装好，只留下一些接口可供调用，在做不同的项目时，只需要根据实际情况编写少量代码并按需调用接口，即可快速实现项目或部分功能。

Python 的爬虫框架也是这样的原理，接下来介绍一些常用的爬虫框架。

9.1.1　初识 Scrapy 框架

Scrapy 是一个为了爬取网站数据，提取结构性数据而编写的应用框架，可以应用在包括数据挖掘、信息处理或存储历史数据等一系列的程序中。其最初是为了页面抓取（网络抓取）所设计的，也可以应用于获取 API 所返回的数据或者通用的网络爬虫。

Scrapy 框架的应用领域有很多，例如网络爬虫开发、数据挖掘、自动化测试等。官方网址是 https://scrapy.org/，其首页如图 9.1 所示。

Scrapy 是后面重点介绍的框架，此处初步了解即可。

9.1.2　初识 Crawley 框架

Crawley 也是使用 Python 开发出来的一款爬虫框架，用于更高效地提取互联网数据。官方网址是 http://project.crawley-cloud.com/，首页如图 9.2 所示。

Crawley 框架的主要特点如下：
- 高速爬取对应网站。
- 将数据存储到关系数据库中，例如 Postgres、MySQL、Oracle、SQLite 等数据库。

图 9.1 Scrapy 官方首页

图 9.2 Crawley 官网

- 将数据导出为 JSON、XML 等格式。
- 支持 NoSQL 数据库（如 MongoDB）。
- 支持命令行工具。
- 可以使用 XPath 或 Pyquery 等工具提取数据。
- 支持使用 Cookie 登录并访问页面。
- 非常简单易用。

9.1.3 初识 Portia 框架

Portia 框架是一款允许没有任何编程基础的用户可视化地提取网页的爬虫框架。此框架在 Github 上的地址是 https://github.com/scrapinghub/portia/，框架信息如图 9.3 所示。

使用 Portia 框架有两种方式：一是下载程序到本地使用，二是使用 Portia 框架网页版。Portia 框架的网页版地址为 https://portia.scrapinghub.com/，首页信息如图 9.4 所示。

图 9.3　Portia 框架

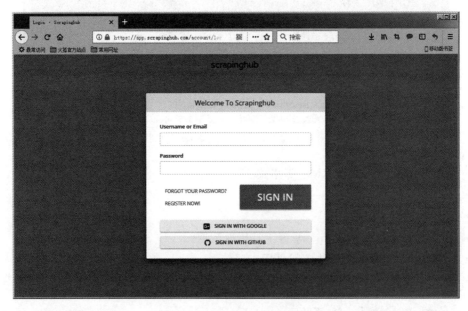

图 9.4　Scrapinghub 登录界面

注册账号登录之后就可以操作 Portia 框架进行网站的爬取,个人主页如图 9.5 所示。

此时要创建爬虫项目,可单击 CREATE PROJECT 按钮,设置对应的爬虫名称,并且选择创建 Portia 或者 Scrapy,单击 CREATE 按钮即可创建一个爬虫项目,创建完成后即可通过可视化的方式配置对应的爬虫。

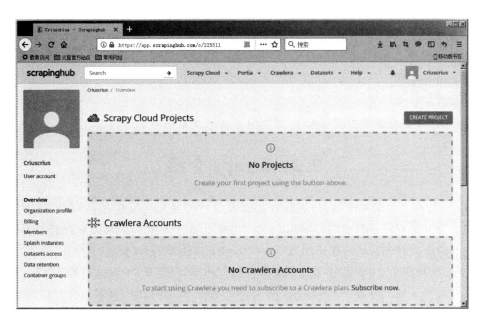

图 9.5 个人主页

9.1.4 初识 Newspaper 框架

Newspaper 框架是一种用来提取新闻、文章以及内容分析的 Python 爬虫框架。GitHub 上的地址是 https://github.com/codelucas/newspaper，如图 9.6 所示。

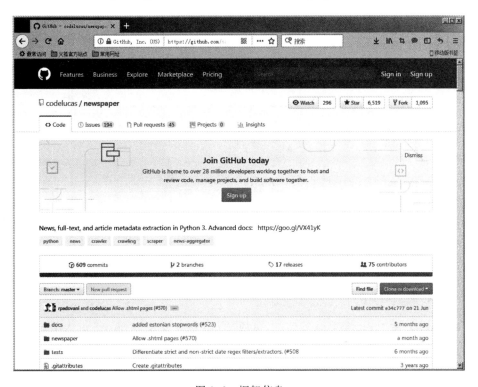

图 9.6 框架信息

Newspaper 框架的主要特点如下：
- 框架简洁。
- 速度较快。
- 支持多线程。
- 多语言支持。

Newspaper 是轻量级的爬虫框架，最适合于爬取文章信息。

9.2 Scrapy 介绍

Scrapy 是一个为爬取网站、分解获取数据而设计的应用程序框架，广泛应用于数据挖掘、信息处理和历史记录打包等，同时，Scrapy 也可以通过访问 API 来提取数据。本节将讲解 Scrapy 爬虫框架的安装与基本配置（以 Windows 操作系统为例）。

由于之前使用了 Fiddler 作为代理服务器进行调试分析，在 Scrapy 安装过程中，不需要使用该软件，为了避免软件的影响，需要对 Fiddler 软件进行相应的设置。

打开 Fiddler 软件，依次单击 Tools→Options→Connections，如图 9.7 所示。

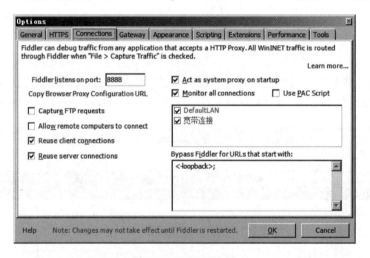

图 9.7　Fiddler 设置

在图 9.7 中，Act as system proxy on startup 选项与 Monitor all connections 选项都是选中状态。Act as system proxy on startup 代表在启动时作为系统的代理，Monitor all connections 表示 Fiddler 可以监控所有连接。取消选中这两个选项后重启 Fiddler，可以看到下方 DefaultLAN 与 "宽带连接" 会在 Fiddler 重启之后取消选中，结果如图 9.8 所示。

此时 Fiddler 配置已经完成，正式进入 Scrapy 的安装。

9.2.1　安装 Scrapy

在 Python 3.X 中 pip 是默认安装的，可通过 pip 快速安装 Scrapy。进入 Windows 系统的 CMD 模式，安装 Scrapy 如下所示：

```
pip install scrapy
```

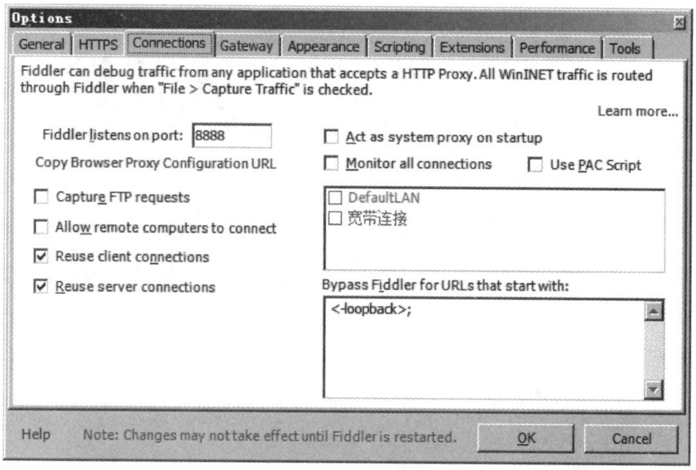

图 9.8 代理已经取消

安装结果如图 9.9 所示。

图 9.9 Scrapy 框架安装

在直接安装时可能会报错,如图 9.9 所示。最后的错误显示所用计算机需安装 Microsoft Visual C++14,按照该提示安装 Microsoft Visual C++14,安装界面如图 9.10 所示。

在安装 Microsoft Visual C++14 完成后,还需要再安装 Twisted 库,该库是一个用于处

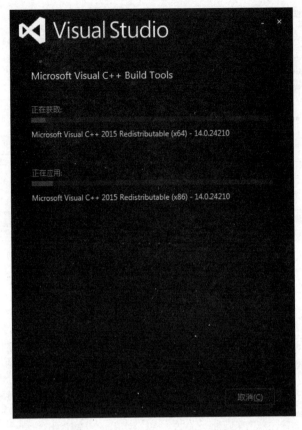

图 9.10　Microsoft Visual C++14 安装过程

理网络通信的异步网络库。使用命令"pip install twisted"安装成功后,界面如图 9.11 所示。

图 9.11　Twisted 安装成功

最后再一次执行安装 Scrapy 的命令，即可安装成功，如图 9.12 所示。

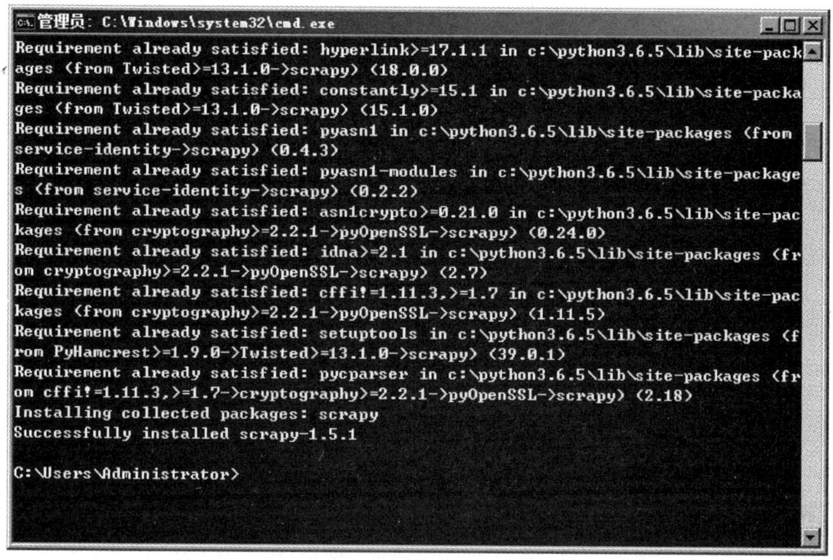

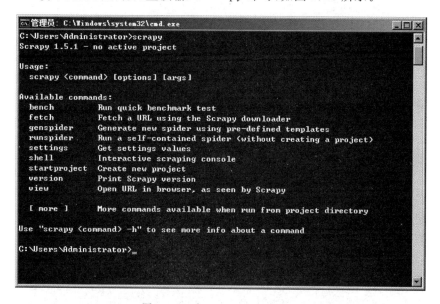

图 9.12　Scrapy 安装成功

验证 Scrapy 是否安装成功，直接输入 Scrapy 即可，如图 9.13 所示。

图 9.13　验证 Scrapy 安装成功

至此，在 Windows 系统下安装 Scrapy 成功。

在安装过程中可能会出现各种问题，每次出现问题时应注意观察出错原因，然后按照提示一步步操作即可。比如提示 pip 版本低时，会有"You should consider upgrading via the 'python -m pip install -upgrade pip' command"错误，此时就可以直接通过提示中的命令"python -m pip install -upgrade pip"升级 pip 版本，再次运行就会发现该错误已不存在。

注意：在安装第三方库时，报错提示很重要。

9.2.2　Scrapy 程序管理

Scrapy 安装成功后，首先介绍如何创建 Scrapy 项目。

使用 Scrapy 创建一个爬虫项目，首先需要进入存储爬虫项目的文件夹，例如在"D:\python_spider"目录中创建爬虫项目，如图 9.14 所示。

图 9.14　创建 Scrapy 项目

创建成功后，在 D 盘的 python_spider 目录中自动新建名称为 myfirstpjt 的爬虫项目。

使用"scrapy startproject"命令创建爬虫项目，也可以附加参数控制。通过"scrapy startproject -h"查看 startproject 的帮助信息，如图 9.15 所示。

图 9.15　Scrapy 帮助命令

在图 9.15 中,"--logfile＝FILE"参数主要用来指定日志文件,其中 FILE 为指定的日志文件路径。比如,将日志文件存储在当前目录下,并且日志文件名为 logf.log,具体实现代码如下：

```
scrapy startproject -- logfile="./logf.log"
```

运行后查看对应的日志文件,结果如图 9.16 所示。

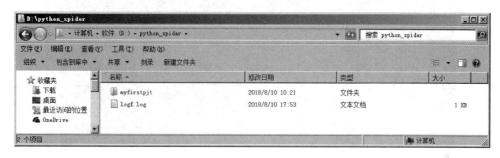

图 9.16　日志文件

此时已经成功通过"--logfile"参数将对应的日志信息写入到指定的文件中,并新建了名为 logf.log 的日志。此外,还有控制日志对应的输出参数"--loglever = LEVEL,-L LEVEL",该参数主要用来控制日志信息等级,默认以 DEBUG 模式输出对应信息,其他日志等级常见值如表 9.1 所示。

表 9.1　日志等级常见值

等　级　名	作　用　信　息
DEBUG	简单调试信息
INFO	简单提示信息
WARNING	警告信息,有错误
ERROR	错误日志,严重
CRITICAL	紧急错误

若只输出警告以上的日志错误,可以将日志等级设置为 WARNING,代码如下所示：

```
scrapy startproject -- loglevel=WARNING
```

若不输出日志信息,则可以使用--nolog 参数,代码如下所示：

```
scrapy startproject -- nolog
```

9.2.3　Scrapy 项目的目录结构

进入 9.2.2 节创建的项目 myfirstpjt 中,默认的项目结构如图 9.17 所示。

首先,生成一个与爬虫项目同名的文件夹,该文件夹下有一个同名的子文件夹(核心目录)和一个 scrapy.cfg 文件。该子文件夹 myfirstpjt 放置了爬虫项目的核心代码,包括一个

图 9.17　项目目录结构

spiders 文件夹，以及 __init__.py、items.py、pipelines.py、settings.py 等 Python 文件。具体文件信息如下所示：

- items.py 文件是爬虫项目的数据容器文件，用来定义要获取的数据。
- pipelines.py 文件是爬虫项目的管道文件，用来对 items 定义的数据进行进一步的加工。
- settings.py 文件是爬虫项目的设置文件，用于配置项目信息。
- __init__.py 文件是爬虫项目中爬虫部分的初始化文件。

9.3　常用命令

9.3.1　Scrapy 全局命令

Scrapy 框架中命令分为全局命令和项目命令。全局命令不需要进入 Scrapy 项目即可在全局中直接运行，项目命令必须在 Scrapy 项目中才可以运行。

查看 Scrapy 全局命令时，在项目所在目录下运行如下代码：

```
scrapy -h
```

运行结果如图 9.18 所示。

在图 9.18 中，Scrapy 列出的 Available commands（可用命令）中的 commands 栏下的是全局可用命令，分别为 bench、fetch、genspider、runspider、settings、shell、startproject、version、view。需要注意的是，bench 命令比较特殊，虽在 Available commands 中展现，但它是项目命令。

接下来讲解部分常用命令的使用方法。

图 9.18　查看 Scrapy 全局命令

1. fetch 命令

fetch 命令是用来检查 spider 下载页面的方式，接下来以爬取千锋官网首页为例介绍，代码如下所示：

```
D:\python_spider> scrapy fetch http://www.1000phone.com
```

运行结果如图 9.19 所示。

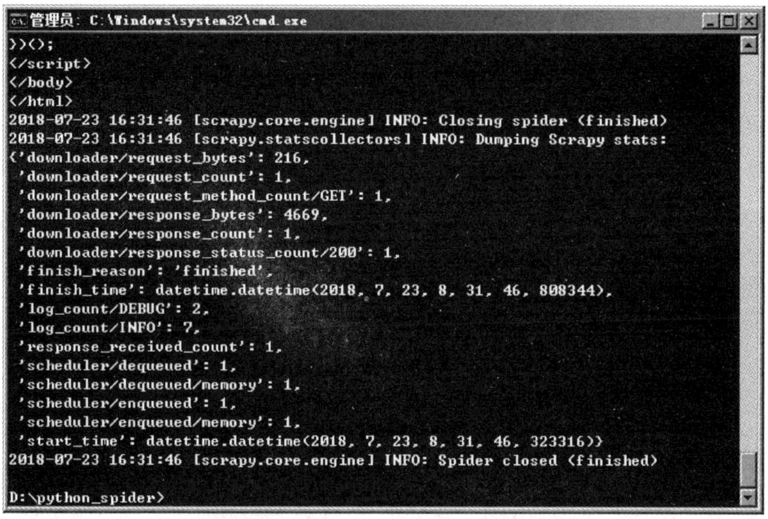

图 9.19　Scrapy 爬取千锋官网信息

在运行该命令后，可能会提示缺少 win32api 模块，如图 9.20 所示。
前面已经提到，报错信息很重要。此时运行如下命令即可解决。

```
pip install pypiwin32
```

初探 Scrapy 爬虫框架

```
File "<frozen importlib._bootstrap>", line 955, in _find_and_load_unlocked
File "<frozen importlib._bootstrap>", line 665, in _load_unlocked
File "<frozen importlib._bootstrap_external>", line 678, in exec_module
File "<frozen importlib._bootstrap>", line 219, in _call_with_frames_removed
File "c:\python3.6.5\lib\site-packages\scrapy\downloadermiddlewares\retry.py",
line 20, in <module>
    from twisted.web.client import ResponseFailed
File "c:\python3.6.5\lib\site-packages\twisted\web\client.py", line 41, in <module>
    from twisted.internet.endpoints import HostnameEndpoint, wrapClientTLS
File "c:\python3.6.5\lib\site-packages\twisted\internet\endpoints.py", line 41
, in <module>
    from twisted.internet.stdio import StandardIO, PipeAddress
File "c:\python3.6.5\lib\site-packages\twisted\internet\stdio.py", line 30, in
<module>
    from twisted.internet import _win32stdio
File "c:\python3.6.5\lib\site-packages\twisted\internet\_win32stdio.py", line
9, in <module>
    import win32api
ModuleNotFoundError: No module named 'win32api'

D:\python_spider\myfirstpjt>_
```

图 9.20　提示缺少 win32api 模块

运行之后即可正常爬取网页。

值得注意的是，如果在 Scrapy 项目目录内使用该命令，则会调用该项目中的爬虫来爬取网页；若在 Scrapy 项目目录外使用命令，那么调用 Scrapy 默认的爬虫进行网页的爬取。

在使用 fetch 命令时，可以通过"scrapy fetch -h"列出所有可以使用的 fetch 相关参数。比如，通过"--headers"参数只显示爬取的网页头信息，"--spider=SPIDER"参数控制使用的爬虫，"--nolog"参数控制不显示日志信息，"--loglever=LEVEL"参数控制日志信息的等级。

接下来演示爬取千锋官网信息且只显示头信息，代码如下所示：

```
D:\python_spider> scrapy fetch – headers -- nolog http://1000phone.com
```

运行结果如图 9.21 所示。

图 9.21　千锋官网首页头部信息

通过以上的学习，大家可以通过 fetch 命令很方便地显示爬虫爬取某个网页的过程。

2. runspider 命令

通过 Scrapy 中的 runspider 命令可以直接运行一个爬虫文件，首先编写一个 Scrapy 爬虫文件，代码如例 9-1 所示。

【例 9-1】 一个独立的爬虫文件。

```
1   from scrapy.spider import Spider
2   class FirstSpider(Spider):
3       name = "first"
4       allowed_domains = ['1000phone.com']
5       start_urls = [
6           'http://www.1000phone.com',
7       ]
8       def parse(self, response):
9           pass
```

接下来需要使用 runspider 命令运行该爬虫文件，运行程序代码如下：

```
#爬虫文件路径是 D:\python_spider\first.py
D:\python_spider > scrapy runspider -- loglevel = INFO first.py
```

运行结果如图 9.22 所示。

图 9.22　爬取千锋官网信息

例 9-1 中的爬虫文件名为 first，定义爬取的起始网址为 http://www.1000phone.com。使用 runspider 运行该独立爬虫，在不依靠 Scrapy 项目的前提下成功完成了该爬虫的运行。

3. settings 命令

settings 命令是用来获取 Scrapy 的配置信息。若是在 Scrapy 项目目录中使用 settings 命令，查看的是 Scrapy 的默认配置信息；若是在 Scrapy 项目外使用该命令，则输出的是项目默认设定。

比如，在创建好的 myfirstpjt 项目中，文件路径是 D:\python_spider\myfirstpjt\myfirstpjt。查看项目文件，如图 9.23 所示。

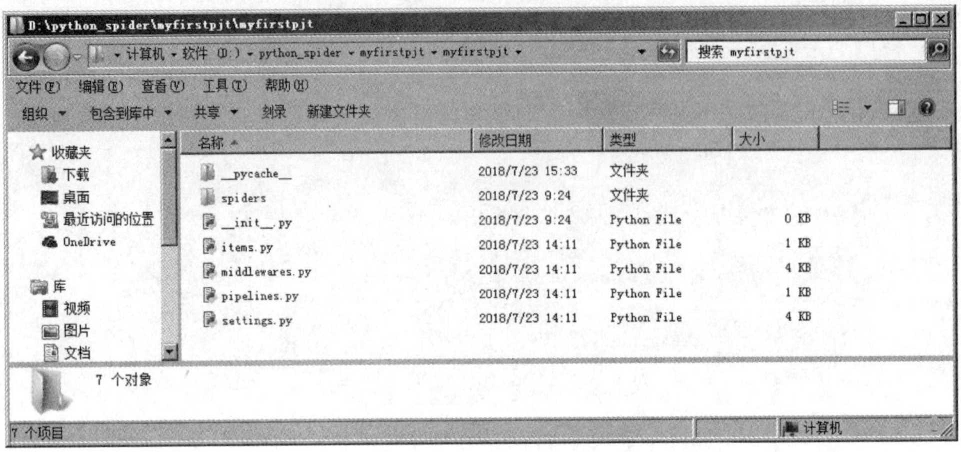

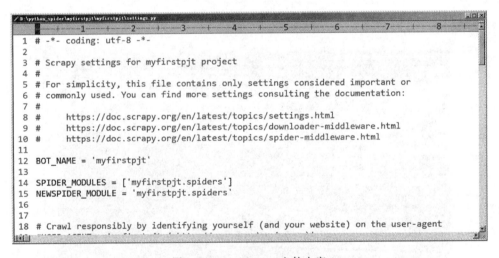

图 9.23　myfirstpjt 项目文件

其中 settings.py 文件就是项目 myfirstpjt 的配置信息，打开该文件，如图 9.24 所示。

图 9.24　settings.py 文件内容

这些文件内容就是爬虫项目 myfirstpjt 的配置信息。使用 settings 命令可以查询该配置信息中的内容，比如，查询 BOT_NAME 对应的值：

```
D:\python_spider\myfirstpjt\myfirstpjt>scrapy settings --get BOT_NAME
```

运行结果如图 9.25 所示。

上述结果显示 BOT_NAME 的值为 myfirstpjt，与配置文件中一致。因此想要查询某个爬虫项目的配置信息，可以直接进入该项目所在目录使用"scrapy settings"命令查看对应的配置信息。

图 9.25　Scrapy 项目的 BOT_NAME 值

在项目以外使用"scrapy settings"命令查看的是默认配置信息,具体如图 9.26 所示。

图 9.26　默认项目信息

如果要查看配置信息中的其他配置信息项,只需要将上述命令中的 BOT_NAME 位置换成要查询的配置信息即可。比如查询 SPIDER_MODULES(爬虫模块相关)配置信息项的值,可以通过以下命令实现:

```
D:\python_spider\myfirstpjt\myfirstpjt>
scrapy settings -- get SPIDER_MODULES
```

运行结果如图 9.27 所示。

图 9.27　项目中的配置信息

此时可以查看爬虫项目 myscrapypjt 中的 SPIDER_MODULES 配置信息的值。

4. shell 命令

通过 shell 命令可以启动 Scrapy 的交互终端。在 Scrapy 的交互终端可以实现在不启动 Scrapy 爬虫的情况下,对网站响应进行调试,例如使用 shell 命令爬取千锋教育首页创建交互终端环境,代码如下所示:

```
D:\python_spider\myfirstpjt\myfirstpjt>
scrapy shell http://www.1000phone.com
```

在执行完命令之后,可以出现 Scrapy 对象以及快捷命令,并且进入交互模式,程序如图 9.28 所示。

在该交互模式下,可以通过 XPath 表达式进行提取,例如 XPath 表达式"/html/head/

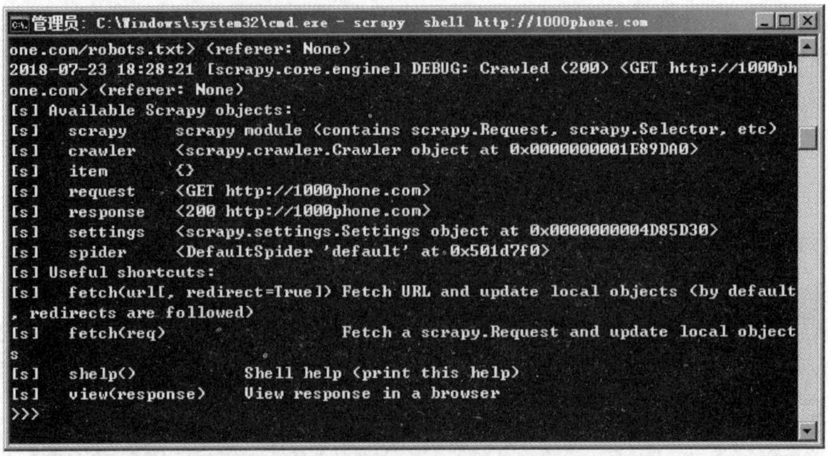

图 9.28 交互界面

title"目的是提取< title >标签信息,接下来通过 Python 代码提取信息,代码如下所示:

```
>>> res = sel.xpath("/html/head/title")
>>> print(res)
[< Selector xpath = '/html/head/title' data = '<title>千锋互联-
中国 IT 职业教育领先品牌</title>'>]
```

5. version 命令

version 命令用于查看 Scrapy 的版本信息,如图 9.29 所示。

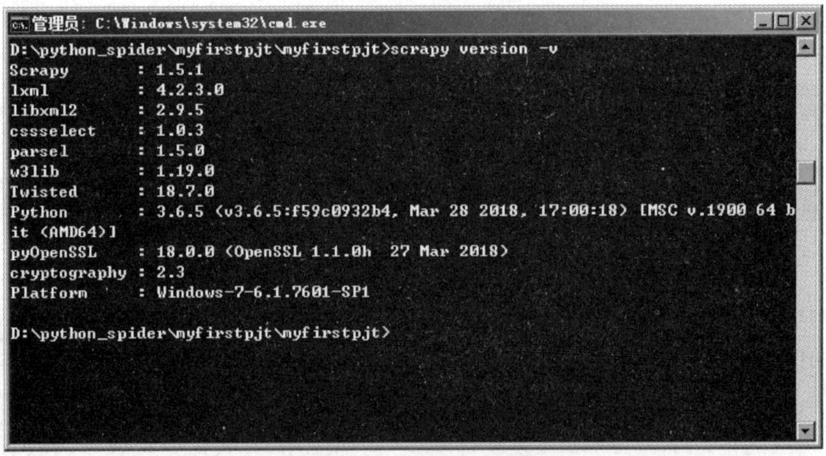

图 9.29 Scrapy 版本信息

9.3.2 Scrapy 项目命令

9.3.1 节讲解了 Scrapy 全局命令的使用,接下来详细讲解 Scrapy 项目命令的使用。首先进入一个已建好的 Scrapy 爬虫项目,执行"scrapy -h"查看项目命令,如图 9.30 所示。

Scrapy 的项目命令主要有 bench、check、crawl、edit、genspider、list、parse。Scrapy 全局

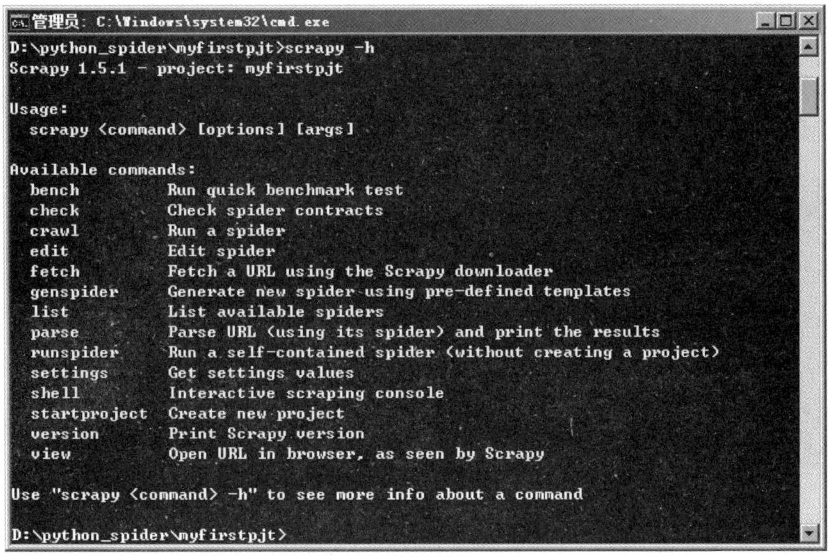

```
管理员: C:\Windows\system32\cmd.exe
D:\python_spider\myfirstpjt>scrapy -h
Scrapy 1.5.1 - project: myfirstpjt

Usage:
  scrapy <command> [options] [args]

Available commands:
  bench         Run quick benchmark test
  check         Check spider contracts
  crawl         Run a spider
  edit          Edit spider
  fetch         Fetch a URL using the Scrapy downloader
  genspider     Generate new spider using pre-defined templates
  list          List available spiders
  parse         Parse URL (using its spider) and print the results
  runspider     Run a self-contained spider (without creating a project)
  settings      Get settings values
  shell         Interactive scraping console
  startproject  Create new project
  version       Print Scrapy version
  view          Open URL in browser, as seen by Scrapy

Use "scrapy <command> -h" to see more info about a command

D:\python_spider\myfirstpjt>
```

图 9.30　Scrapy 项目命令

命令可以在项目内外使用，而项目命令只能在 Scrapy 爬虫项目中使用。

1. bench 命令

使用 scrapy bench 命令可以测试本地硬件的性能。当运行“scrapy bench”命令时，会创建一个本地服务器并以最大速度爬行，如图 9.31 所示。

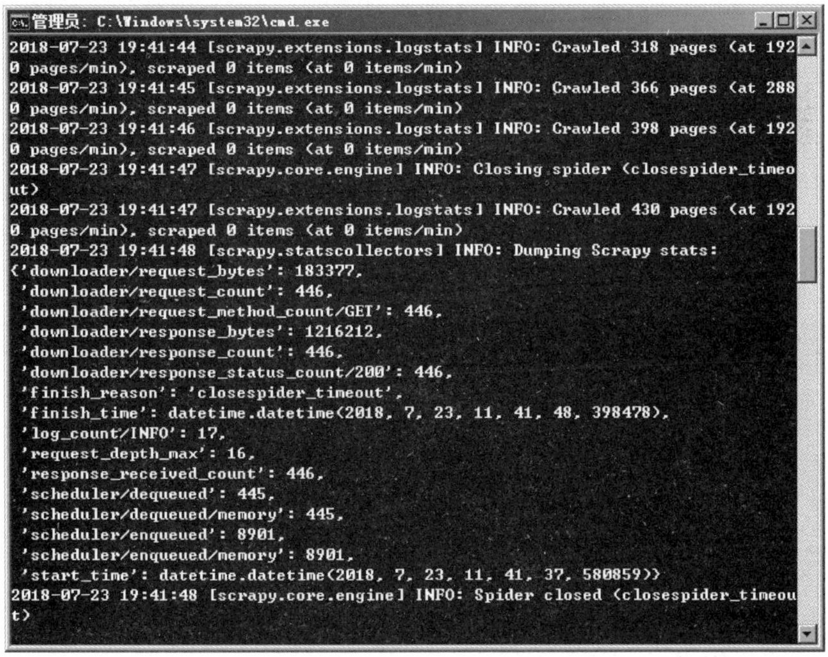

```
管理员: C:\Windows\system32\cmd.exe
2018-07-23 19:41:44 [scrapy.extensions.logstats] INFO: Crawled 318 pages (at 192
0 pages/min), scraped 0 items (at 0 items/min)
2018-07-23 19:41:45 [scrapy.extensions.logstats] INFO: Crawled 366 pages (at 288
0 pages/min), scraped 0 items (at 0 items/min)
2018-07-23 19:41:46 [scrapy.extensions.logstats] INFO: Crawled 398 pages (at 192
0 pages/min), scraped 0 items (at 0 items/min)
2018-07-23 19:41:47 [scrapy.core.engine] INFO: Closing spider (closespider_timeo
ut)
2018-07-23 19:41:47 [scrapy.extensions.logstats] INFO: Crawled 430 pages (at 192
0 pages/min), scraped 0 items (at 0 items/min)
2018-07-23 19:41:48 [scrapy.statscollectors] INFO: Dumping Scrapy stats:
{'downloader/request_bytes': 183377,
 'downloader/request_count': 446,
 'downloader/request_method_count/GET': 446,
 'downloader/response_bytes': 1216212,
 'downloader/response_count': 446,
 'downloader/response_status_count/200': 446,
 'finish_reason': 'closespider_timeout',
 'finish_time': datetime.datetime(2018, 7, 23, 11, 41, 48, 398478),
 'log_count/INFO': 17,
 'request_depth_max': 16,
 'response_received_count': 446,
 'scheduler/dequeued': 445,
 'scheduler/dequeued/memory': 445,
 'scheduler/enqueued': 8901,
 'scheduler/enqueued/memory': 8901,
 'start_time': datetime.datetime(2018, 7, 23, 11, 41, 37, 580859)}
2018-07-23 19:41:48 [scrapy.core.engine] INFO: Spider closed (closespider_timeou
t)
```

图 9.31　Scrapy bench 结果

上述结果表明每分钟最多可以爬取 2880 个网页，在实际爬虫开发中，由于硬件网络等各个因素的影响，会导致爬取速度不同。

2. genspider 命令

使用 genspider 命令可以创建 Scrapy 爬虫文件，这是一种快速创建爬虫文件的方法。该方法可以使用提前已经定义的模板来生成爬虫文件，"scrapy genspider -l"命令用来查看当前可以使用的爬虫模板，如图 9.32 所示。

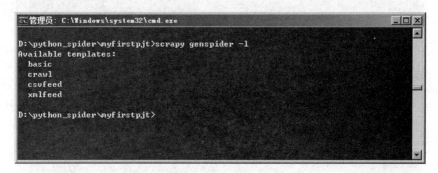

图 9.32 爬虫模板文件

此时可以使用的爬虫模板有 basic、crawl、csvfeed、xmlfeed，可以基于其中任意一个爬虫模板来生成一个爬虫文件。比如使用 basic 模板生成一个爬虫文件，如图 9.33 所示。

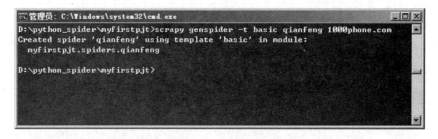

图 9.33 生成爬虫文件

上述代码基于 basic 爬虫模板创建了一个新的爬虫文件 qianfeng，定义了爬取的域名是 1000phone.com，在该爬虫项目的 spiders 目录下，可以发现爬虫文件 qianfeng.py，如图 9.34 所示。

图 9.34 爬虫文件 qianfeng.py

3. check 命令

使用 Scrapy 中的 check 命令可以实现对爬虫文件的测试。比如，对基于模板创建的爬虫文件 qianfeng.py 进行测试，代码如下所示：

```
D:\python_spider\myfirstpjt> scrapy check qianfeng
```

运行结果如图 9.35 所示。

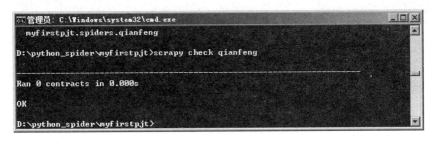

图 9.35 运行结果

需要注意的是，check 后面是爬虫名，不是爬虫文件名，它没有后缀。

4. crawl 命令

使用 Scrapy 中的 crawl 命令可以启动某个爬虫，比如启动 myfirstpjt 中的 qianfeng 爬虫，代码如下所示：

```
D:\python_spider\myfirstpjt> scrapy crawl qianfeng -- loglevel = INFO
```

运行结果如图 9.36 所示。

图 9.36 crawl 启动爬虫

注意：crawl 后是爬虫名而不是爬虫文件名。

5. list 命令

使用 list 命令可以列出当前可使用的爬虫文件,如图 9.37 所示。

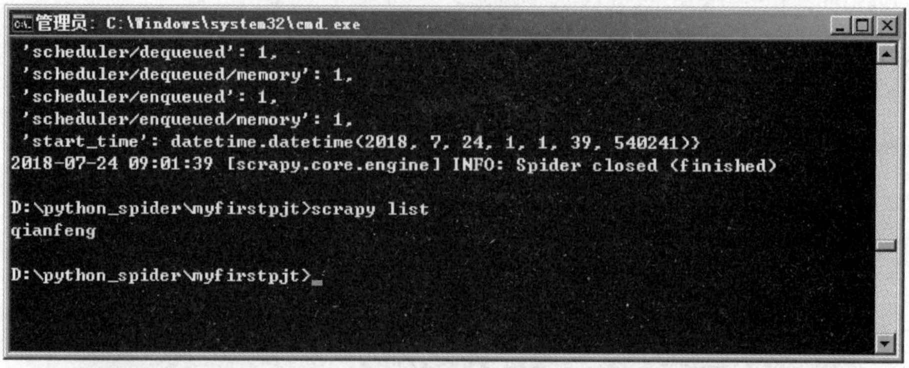

图 9.37 可使用的爬虫

从图 9.37 中可以看到,可使用的爬虫文件是 qianfeng。

6. edit 命令

通过 Scrapy 中的 edit 命令可以打开编辑器操作爬虫文件。Windows 环境下一般使用 PyCharm 对爬虫项目进行管理,Linux 下可以使用 edit 命令编辑文件。

7. parse 命令

通过 Scrapy 中的 parse 命令可以获取指定的 URL 网址,并使用对应的爬虫文件分析处理。比如获取千锋官网(http://www.1000phone.com)首页,代码如下所示:

```
D:\python_spider\myfirstpjt>
scrapy parse http://www.1000phone.com -- nolog
```

运行该命令,如图 9.38 所示。

图 9.38 获取千锋官网首页

图 9.38 中由于没有指定爬虫文件,也没有指定处理函数,因此使用默认的爬虫文件和处理函数进行相应的处理。

parse 命令有很多参数可以用,具体可以使用"scrapy parse -h"查看,如图 9.39 所示。上述代码显示了常用的参数以及含义,具体解释如表 9.2 所示。

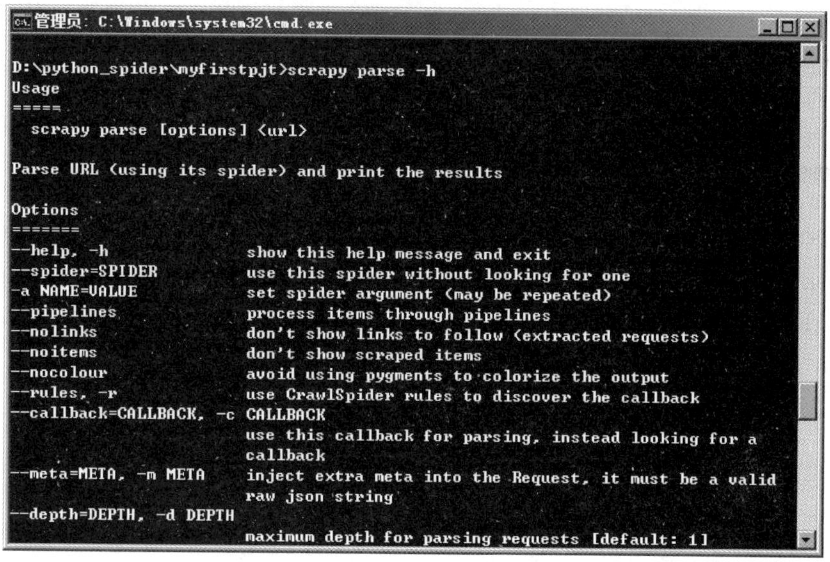

图 9.39 parse 参数信息

表 9.2 parse 命令对应的参数表

参　　数	含　　义
--spider=SPIDER	指定爬虫文件处理
-a NAME=VALUE	定义 spider 的参数
--nolinks	不输出链接信息
--pipelines	用 pipelines 来处理
--noitems	不输出 items
--nocolour	输出不显示颜色
--rules,-r	使用 CrawlSpider 规则处理回调函数
--callback=CALLBACK,-c CALLBACK	指定 spider 中用于处理返回的响应中回调函数
--depth=DEPTH,-d DEPTH	设置爬行深度

9.3.3 Scrapy 的 Item 对象

Item 对象可以用来保存爬虫爬取到的数据。网页中信息量庞大，且大部分数据都是非结构化的，因此在爬取该类型的数据时，首先需要构建所需的结构化信息，随后将该结构化信息定义到爬虫项目中的 Items 文件中。

Item 对象提供了类似于字典（dictionary-like）的 API 以及用于声明可用字段的简单语法。

打开 myfirstpjt 项目中的 items.py 文件，文件内容如下所示：

```
# -*- coding: utf-8 -*-
# Define here the models for your scraped items
# See documentation in:
# http://doc.scrapy.org/en/latest/topics/items.html
```

```
import scrapy
class MyfirstpjtItem(scrapy.Item):
    # define the fields for your item here like:
    # name = scrapy.Field()
    Pass
```

在这个自动生成的文件代码中，首先导入 scrapy 模块，随后定义一个类名为 MyfirstpjtItem 的类，在该类中没有对任何数据进行定义，只有一个 pass 占位语句。

如果此时需要对结构化的数据进行定义，那么可以直接修改对应的类。比如此时需要修改的类为 MyfirstpjtItem，具体代码如例 9-2 所示。

【例 9-2】 定义结构化数据。

```
1  import scrapy
2  class MyfirstpjtItem(scrapy.Item):
3      urlname = scrapy.Field()
4      urlkey = scrapy.Field()
5      urlcr = scrapy.Field()
6      urladdr = scrapy.Field()
7  qianfeng = MyfirstpjtItem(
8      urlname = 'qf',urlkey = '66',urlcr = '77',urladdr = 'cn')
9  print(qianfeng.items())
10 print(qianfeng['urlname'])
```

运行结果如图 9.40 所示。

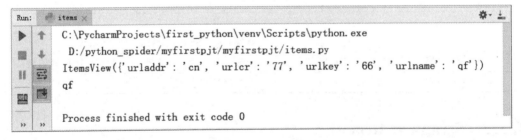

图 9.40　Items 运行结果

首先在 PyCharm 编辑器中打开 myfirstpjt 项目，在 items.py 文件中对结构化数据的网页标题、网页关键字、网页版权信息、网页地址等进行定义，定义结构化数据信息的格式如下：

```
结构化数据名 = scrapy.Field()
```

在例 9-2 中，第 7 行实例化 MyfirstpjtItem 类。第 9 行输出该对象的项目视图（ItemsView），在输出结果中可以看到，数据以字典的形式存储了数据项名和对应的数据项值。第 10 行输出 qianfeng 对象中的 urlname 字段对应的值。

9.4 编写 Spider 程序

Spider 类是 Scrapy 中与爬虫相关的一个基类,所有的 Spider 文件必须继承该类 (scrapy.Spider)。在一个爬虫项目中,Spider 文件是一个极其重要的部分,爬虫所进行的爬取动作以及从网页中提取结构化数据 item 等操作都是在该文件中进行定义和编写的,通过 Spider 文件,可以定义如何对网站进行相应的爬取。

9.4.1 初识 Spider

Spider 爬取数据的流程如下:

(1) 以入口 URL 初始化 Request,并设置回调函数。当该 Request 下载完毕并返回 Response 后,将 Response 作为参数传递给该回调函数。Spider 中初始的 Request 是通过调用 start_requests() 来获取的。start_requests() 读取 start_urls 中的 URL,并以 parse 为回调函数生成 Request。

(2) 在回调函数内分析返回的(网页)内容,返回 Item 对象、dict、Request 或者一个包括三者的可迭代容器。返回的 Request 对象会经过 Scrapy 处理,下载相应的内容,并调用设置的 callback 回调函数。

(3) 在回调函数内,可以使用选择器(Selectors),也可以使用 BeautifulSoup、lxml 等其他解析器来分析网页内容,并根据分析的数据生成 item。

(4) 将 Spider 返回的 item 进行相应的存储即可。

使用 PyCharm 打开之前创建的爬虫文件 qianfeng.py,该文件代码如下所示:

```
# -*- coding: utf-8 -*-
import scrapy
class QianfengSpider(scrapy.Spider):
    name = 'qianfeng'
    allowed_domains = ['1000phone.com']
    start_urls = ['http://www.1000phone.com/']
    def parse(self, response):
        pass
```

上述代码首先创建了一个爬虫类 QianfengSpider,该类继承了 scrapy.Spider 基类,name 属性的值为 'qianfeng',因此爬虫名就是 qianfeng。allowed_domains 属性代表允许爬虫的域名,如果启动了 OffsiteMiddleware,那么非允许的域名对应的网址将会被过滤掉。start_urls 属性代表的是爬虫的起始网址,如果没有特别指定爬取的 URL 网址,则会从该属性中定义的网址开始爬取,在该属性中可以定义多个网址,网址之间通过逗号隔开。parse 方法是处理 Scrapy 爬虫爬取到的网页响应的默认方法,通过该方法可以对响应进行处理并且返回处理后的数据。

下面通过简单完善的爬虫文件 qianfeng.py 演示 Spider 文件的使用,如例 9-3 所示。

【例 9-3】 简单完善的 qianfeng.py 文件。

```
1  import scrapy
2  from myfirstpjt.items import MyfirstpjtItem
3  class QianfengSpider(scrapy.Spider):
4      name = 'qianfeng'
5      allowed_domains = ["1000phone.com"]
6      start_urls = (
7          'http://www.1000phone.com',
8      )
9      def parse(self, response):
10         item = MyfirstpjtItem()
11         item["urlname"] = response.xpath("/html/head/title/text()")
12         print(item["urlname"])
```

运行程序,结果如图 9.41 所示。

```
Terminal
(venv) D:\python_spider\myfirstpjt>scrapy crawl qianfeng --nolog
[<Selector xpath='/html/head/title/text()' data='千锋互联-中国IT职业教育良心品牌'>]
```

图 9.41　运行结果

例 9-3 中,除了导入 scrapy 模块外,还导入了 myfirstpjt.items 中的 MyfirstpjtItem 类,这样就可以使用之前定义的 Items。接着在爬虫类中设置允许的域名为千锋官网的主域名(1000phone.com),在起始网址中设置千锋官网的主页。

在 parse 方法中,首先实例化 MyfirstpjtItem,并将实例化后的对象赋给 item 变量。然后将相应结果中的数据进行提取,使用的提取方法是 XPath 表达式"/html/head/title/text()",该表达式的意思是选择< html >标签下的< head >中的< title >标签,并将< title >标签中的文本提取出来。最后将提取结果赋值给 item 对象下的 urlname。

9.4.2　Spider 文件参数传递

在 Spider 文件中,可以通过-a 选项实现参数的传递,用于执行程序时得到不同的执行结果。首先在爬虫文件中重写构造方法__init__(),在构造方法中设置变量接收传递的参数,如例 9-4 所示。

【例 9-4】　通过-a 选项实现 url 的传递。

```
1  import scrapy
2  import sys
3  from myfirstpjt.items import MyfirstpjtItem
4  class QianfengSpider(scrapy.Spider):
5      name = 'qianfeng'
6      allowed_domains = ["1000phone.com"]
7      #此处定义 start_urls 已经失效,在下面的__init__方法中重新设置
8      start_urls = (
9          'http://www.1000phone.com',
10     )
```

```
11   def __init__(self,myurl = None, * args, * * kwargs):
12       super(QianfengSpider,self).__init__( * args, * * kwargs)
13       #输出要爬取的网址,对应值为接收到的参数
14       print("要爬取的网址是: % s" % myurl)
15       #重新定义 start_urls 属性,属性值是传递的参数值
16       self.start_urls = [" % s" % myurl]
17   def parse(self, response):
18       item = MyfirstpjtItem()
19       item["urlname"] = response.xpath("/html/head/title/text()")
20       print("爬取网址的标题")
21       print(item["urlname"])
```

在例 9-4 中,首先对构造方法 __init__() 进行重写,并且将 start_urls 属性重新赋值为传进的参数值,这样可以实现程序运行时,同一爬虫文件可以爬取不同网址的功能。

在命令框中输入如下命令:

```
scrapy crawl qianfeng - a myurl = http://www.1000phone.com -- nolog
```

运行结果如图 9.42 所示。

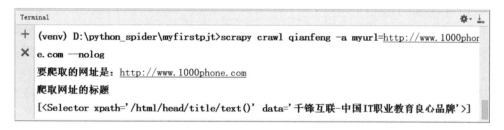

图 9.42　运行结果

从图 9.42 可以看出,通过-a 选项传递的 myurl 参数已经设置为爬取的起始网址。

9.5　Spider 反爬虫机制

在运行爬虫时,若是网页比较多,经常会受到服务器的限制,禁止爬虫的恶意爬取。在 Scrapy 爬虫项目中,可以通过如下方法避免爬虫被禁止:
- 禁用 Cookie。
- 设置下载延迟。
- 使用 IP 池。

1. 禁用 Cookie

Cookie 是网站为了辨别用户身份而存储在用户本地终端(Client Side)上的数据(通常经过加密),某些网站会通过 Cookie 信息对用户进行识别,本地可通过禁用 Cookie 功能让网站无法识别会话信息。

若要禁用 Cookie,首先应打开 settings.py 文件进行相应的设置,找到如下代码:

```
#Disable cookies (enabled by default)
#COOKIES_ENABLED = False
```

上述代码都被注释掉,用于设置禁止使用 Cookie 的代码,打开 COOKIES_ENABLED = False 的注释即可实现禁用 Cookie。

2. 设置下载延迟

从同一爬虫下载连续页面之前,下载器应该设置等待时间,防止网站限制爬取行为。在 Scrapy 中找到对应项目中的 settings.py 文件,进行相应的配置,代码如下所示:

```
#Configure a delay for requests for the same website (default: 0)
#See http://scrapy.readthedocs.org/en/latest/topics/settings.html
#download-delay
#See also autothrottle settings and docs
#DOWNLOAD_DELAY = 3
```

上述代码中的"#DOWNLOAD_DELAY=3"是设置爬虫时间间隔,打开其注释后表示网页下载时间间隔为 3 秒,其对应的数值可自行设置。设置好之后即可避免被这一类反爬虫机制的网站禁止。

3. 使用 IP 池

有的网站会对用户的 IP 进行检测,如果同一个 IP 在短时间内对网页进行大量的爬取,那么网站会初步判定这是网络爬虫的爬取行为,IP 地址可能被封禁,因此需要更换 IP 地址。

第 3 章已讲解了代理 IP 的使用,将这些代理 IP 组成 IP 池,爬虫就可以随机选择 IP 地址对网页进行爬取。

结合前面章节讲解的代理 IP 的网址 http://www.xicidaili.com/,找出合适的 IP 地址设置为 IP 地址池,编辑爬虫项目中的 settings.py 文件并添如下代码:

```
    IPPOOL = [
{"ipaddr":"61.135.217.7:80"},
{"ipaddr":"112.114.93.186:8118"},
{"ipaddr":"112.114.96.58:8118"},
{"ipaddr":"116.236.151.166:8080"},
{"ipaddr":"163.125.69.98:8888"},
{"ipaddr":"218.56.132.154:8080"},
{"ipaddr":"122.114.31.177:808"},
{"ipaddr":"60.255.186.169:8888"}
]
```

上述代码 IPPOOL 就是代理服务器的 IP 地址池,存储为列表形式,列表数据为字典形式。接下来配置中间件文件 middlewares.py,在 Scrapy 中与代理服务器配置相关的下载中间件是 HttpProxyMiddleware,对应的类如以下代码所示:

```
class scrapy.contrib.downloadermiddleware.httpproxy \
    import HttpProxyMiddleware
```

编辑爬虫项目下创建的中间件文件 middlewares.py，写入如下代码：

```
#middlewares下载中间件
#导入随机数模块,目的是随机挑选一个IP池中的ip
import random
#从settings文件(myfirstpjt.settings为settings文件的地址)中导入设置好的IPPOOL
from myfirstpjt.settings import IPPOOL
#导入官方文档中HttpProxyMiddleware对应的模块
from scrapy.contrib.downloadermiddleware.httpproxy \
import HttpProxyMiddleware
class IPPOOLS(HttpProxyMiddleware):
#初始化方法
    def __init__(self,ip=''):
        self.ip=ip
#process_request()方法,主要进行请求处理
    def process_request(self,request,spider):
#先随机选择一个IP
        thisip=random.choice(IPPOOL)
#输出当前选择的IP,便于调试观察
        print("当前使用的IP是："+thisip["ipaddr"])
#将对应的IP实际添加为具体的代理,用该IP进行爬取
        request.meta["proxy"]="http://"+thisip["ipaddr"]
```

在 Scrapy 项目中，middlewares.py 文件目前还是一个普通的 Python 文件，还需打开 settings.py 设置下载中间件相关配置信息，对应的默认配置代码如下所示：

```
# Enable or disable downloader middlewares
# See
# http://scrapy.readthedocs.org/en/latest/topics/downloader-middleware.html
# DOWNLOADER_MIDDLEWARES = {
#     'myfirstpjt.middlewares.MyCustomDownloaderMiddleware': 543,
# }
```

修改此处配置信息为如下代码：

```
DOWNLOADER_MIDDLEWARES = {
#     'myfirstpjt.middlewares.MyCustomDownloaderMiddleware': 543,
'scrapy.contrib.downloadermiddleware.httpproxy import \
HttpProxyMiddleware':123,
'myfirstpjt.middlewares.IPPOOLS':125
}
```

上述代码首先根据官方文档设置"scrapy.contrib.downloadermiddleware.httpproxy import HttpProxyMiddleware"，随后配置了"myfirstpjt.middlewares.IPPOOLS"，配置好即可使用中间件进行下载。配置好后上述代码后，middlewares.py 文件就正式成为 Scrapy 项目中的下载中间件文件，在运行该项目中的爬虫时，就可以使用下载中间件进行网页的下载。

9.6 本章小结

本章主要讲解 Scrapy 框架的基础结构，并且使用 Scrapy 框架创建爬虫项目，编写 Spider 文件、Scrapy 常用命令，其中通过编写程序帮助大家更加清晰地理解 Scrapy 爬虫框架的使用，最后讲解 Scrapy 爬虫中需要注意的反爬虫机制及解决方法。

9.7 习题

1. 填空题

（1）创建 Scrapy 项目的命令是_____。
（2）启动 Scrapy 交互终端的命令是_____。
（3）测试本地硬件性能的命令是_____。
（4）查看当前可使用的爬虫模板的命令是_____。
（5）在 Scrapy 框架的 settings.py 文件中，设置禁用 Cookie 的代码是_____。

2. 选择题

（1）在"scrapy startproject -L"中-L 的含义是(   )。
    A. 查看命令列表　　　　　　　　　B. 日志等级
    C. 查看帮助信息　　　　　　　　　D. 查看项目列表

（2）在 Scrapy 中 runspider 命令作用是(   )。
    A. 运行爬虫文件　　　　　　　　　B. 创建爬虫启动文件
    C. 创建爬虫项目　　　　　　　　　D. 创建爬虫配置文件

（3）在 Scrapy 中，用于测试爬虫文件的命令是(   )。
    A. check　　　B. genspider　　　C. crawl　　　D. bench

（4）在 Scrapy 中，可以用来保存爬虫爬取的数据的是(   )。
    A. Item 对象　　B. settings.py　　C. Spider 文件　　D. pipclines.py

（5）下列选项中，属于 Scrapy 爬虫项目中避免爬虫被禁止的是(   )。
    A. 使用 Cookie 功能　　　　　　　B. 设置请求头
    C. 禁止 Cookie 功能　　　　　　　D. phantomjs

3. 思考题

（1）简述 Scrapy 中 Spider 文件的作用。
（2）简述 Scrapy 项目命令有哪些。

4. 编程题

编写程序实现 scrapy.spider 抓取扣丁学堂网页标题。

第 10 章　深入 Scrapy 爬虫框架

本章学习目标
- 了解 Scrapy 核心架构。
- 掌握 Scrapy 的中文存储。
- 掌握 Scrapy 数据处理流程。

为了更深入地了解 Scrapy 框架使用，本章重点讲解 Scrapy 框架底层的工作流程、Scrapy 组件、爬虫程序的实现过程。

10.1　Scrapy 核心架构

为了方便大家理解 Scrapy 架构，本节绘制了对应 Scrapy 工作流程的架构图，如图 10.1 所示。

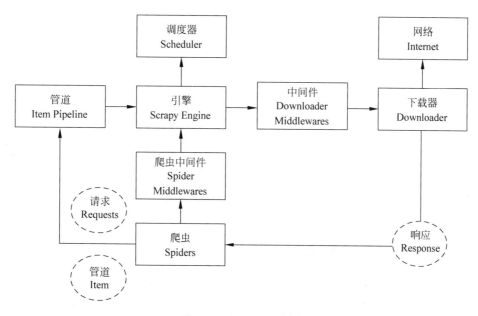

图 10.1　Scrapy 架构图

在图 10.1 中，Scrapy 引擎是架构的核心部分，调度器、管道、下载器和 Spiders 等组件都通过引擎来调控。在 Scrapy 引擎和下载器中间通过中间件传递信息，在下载中间件中，可以插入自定义代码扩展 Scrapy 的功能，例如实现 IP 池的应用。引擎和 Spiders 之间也是通过爬虫中间件来传递信息，同样可以自定义扩展功能。

10.2　Scrapy 组件详解

1. Scrapy 引擎

Scrapy 引擎负责控制整个数据处理流程，处于整个 Scrapy 框架中心位置，协调调度器、管道、中间件、下载器、爬虫。

2. 调度器

调度器负责存储等待爬取的网址，确定网址优先级，相当于一个队列存储，同时也会过滤一些重复的网址。

3. 下载器

下载器实现对等待爬取的网页资源进行高速下载，该组件通过网络进行大量数据传输，下载对应的网页资源后将数据传递给 Scrapy 引擎，再由引擎传递给爬虫处理。

4. 下载中间件

下载中间件用于处理下载器与 Scrapy 引擎之间的通信，自定义代码可以轻松扩展 Scrapy 框架的功能。

5. 爬虫

Spiders 是实现 Scrapy 框架爬虫的核心部分。每个爬虫负责一个或多个指定的网站。爬虫组件负责接收 Scrapy 引擎中的 Response 响应，接收到响应后分析处理，提取对应重要信息。

6. 爬虫中间件

爬虫中间件是处理爬虫组件和 Scrapy 引擎之间通信的组件，可以自定义代码扩展 Scrapy 功能。

7. Item 管道

管道用于接收从爬虫组件中提取的管道，接收到后进行清洗、验证、存储等系列操作。

10.3　Scrapy 数据处理

本节讲解 Scrapy 爬虫框架处理中对数据的处理，包括对数据的输出以及存储到文本文件。

10.3.1　Scrapy 数据输出

在 Scrapy 框架中 Item 管道主要负责处理 Spiders 从网页中提取的 Item，然后清洗、验证、存储数据。当页面被 Spiders 解析后，将被发送到 Item 管道，并经过几个特定的次序来处理数据，该过程可以通过 pipelines.py 实现。

首先创建一个爬虫项目 mypjt，如图 10.2 所示。

在创建好项目之后，继续在项目下创建一个基于 basic 爬虫模板的爬虫文件 qianfeng.py，结果如图 10.3 所示。

接下来编写 items.py 文件，代码如下所示：

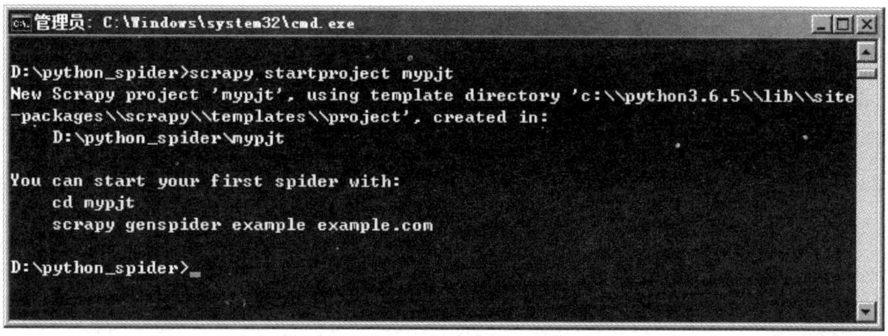

图 10.2　Scrapy 创建项目

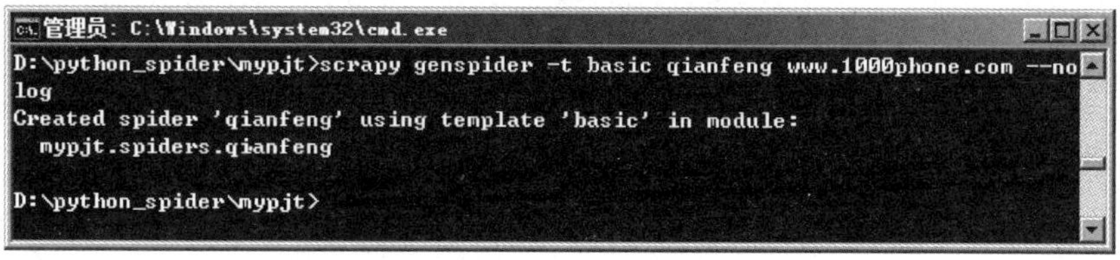

图 10.3　Scrapy 创建爬虫文件

```
import scrapy
class MypjtItem(scrapy.Item):
    name = scrapy.Field()
    title = scrapy.Field()
```

继续编写爬虫文件 qianfeng.py，代码如下所示：

```
import scrapy
from mypjt.items import MypjtItem
class QianfengSpider(scrapy.Spider):
    name = 'qianfeng'
    allowed_domains = ['1000phone.com']
    start_urls = ['http://www.1000phone.com/index.html']
    def parse(self, response):
        item = MypjtItem()
        item["title"] = response.xpath("/html/head/title/text()")
        print(item["title"])
        1yield item
```

编写对应的爬虫文件之后，接下来进入该爬虫所在的目录，然后运行项目下的 qianfeng.py 文件，进行网页的爬取，运行结果如图 10.4 所示。

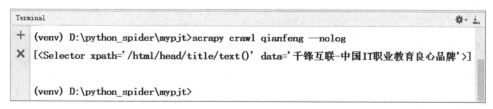

图 10.4　爬取千锋首页结果

深入 Scrapy 爬虫框架

10.3.2　Scrapy 数据存储

将 10.3.1 节内容中输出的数据存储到文本文件中,就需要用到 codecs 模块。codecs 模块支持多个国家的语言,可处理任意编码的字符。

首先进入 10.3.1 节创建的 Scrapy 爬虫项目 mypjt 对应的文件夹,然后打开 settings.py 文件配置 pipelines,找到 settings.py 文件中关于 pipelines 设置的部分,默认配置代码如下所示:

```
# Configure item pipelines
# See http://scrapy.readthedocs.org/en/latest/topics/item-pipeline.html
# ITEM_PIPELINES = {
#     'mypjt.pipelines.SomePipeline': 300,
# }
```

在上述代码中,mypjt.pipelines.SomePipeline 中的 mypjt 为项目名,pipelines 代表 mypjt 目录下的 pipelines.py 文件,SomePipeline 代表对应的 pipelines 文件里的类。

根据项目需要修改配置,代码如下所示:

```
# Configure item pipelines
# See http://scrapy.readthedocs.org/en/latest/topics/item-pipeline.html
ITEM_PIPELINES = {
    'mypjt.pipelines.MypjtPipeline': 300,
}
```

在 settings.py 中配置 pipelines 之后,接下来具体编写 pipelines.py 文件,代码如下所示:

```
# -*- coding: utf-8 -*-
# Define your item pipelines here
# Don't forget to add your pipeline to the ITEM_PIPELINES setting
# See: http://doc.scrapy.org/en/latest/topics/item-pipeline.html
# 导入 codecs 模块,使用 codecs 直接进行解码
import codecs
# 定义 pipelines 中的类,类名需要与 settings.py 中设置的类名对应起来
class MypjtPipeline(object):
    def __init__(self):
# 首先以写入的方式创建或打开一个普通文件用于存储抓取到的数据
        self.file = codecs.open(
"D:\python_spider\mydata.txt", "w", encoding="utf-8")
# process_item()为 pipelines 中的主要处理方法,默认会自动调用
    def process_item(self, item, spider):
# 设置每行写入的内容
        line = str(item) + '\n'
        print(line)
# 将对应信息写入文件中
        self.file.write(line)
        return item
    def close_spider(self, spider):
        self.file.close()
```

编写完成上述 pipelines.py 文件后，爬虫运行时提取的数据将通过该文件进行后续的处理，处理结果是将提取到的数据写入 mydata.txt 文件中。运行项目中的 qianfeng.py 爬虫文件，结果如图 10.5 所示。

图 10.5　爬取结果

打开设置目录下 mydata.txt 文件，结果如图 10.6 所示。

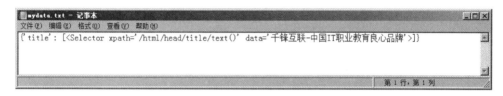

图 10.6　存储的内容

从图 10.6 可以看出，已经将中文信息成功保存到文本中。

10.4　Scrapy 自动化爬取

前面讲解了使用 Scrapy 编写的爬虫项目，只能爬取起始网址中设置的网页。但在实际应用中，很多爬虫需要持续不断地自动爬取多个网页。本节将以爬取当当网的商品数据为例讲解如何使用 Scrapy 实现自动化爬取数据。

10.4.1　创建项目并编写 items.py

首先创建名 autopjt 的爬虫项目，如图 10.7 所示。

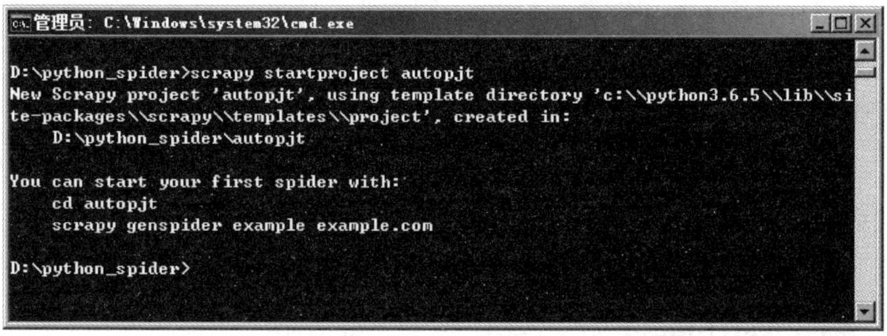

图 10.7　创建 autopjt 项目

网页中包含大量数据,但并不是所有的数据都需要存储,否则会浪费大量服务器资源,提取网页中需要的数据时,首先需要编写 items.py 文件,在该文件中定义需要爬取的数据。

修改 autopjt 爬虫项目下的 items.py 文件,代码如下所示:

```python
import scrapy
class AutopjtItem(scrapy.Item):
    # 定义 name 用来存储商品名
    name = scrapy.Field()
    # 定义 price 用来存储商品价格
    price = scrapy.Field()
    # 定义 link 用来存储商品链接
    link = scrapy.Field()
    # 定义 comnum 用来存储商品评论数
    comnum = scrapy.Field()
```

上述代码已经完成所需结构化数据的定义,包括要爬取的商品名、价格、链接以及评论数等。

10.4.2 编写 pipelines.py

构建 items.py 文件完成后,还需要进一步处理爬取的数据,这就需要修改该项目中的 pipelines.py 文件,代码如下所示:

```python
import codecs
import json
class AutopjtPipeline(object):
    def __init__(self):
        # 打开 mydata.json 文件
        self.file = codecs.open(
"D:/python_spider/data/mydata.json", "w", encoding="utf-8")
    def process_item(self, item, spider):
        i = json.dumps(dict(item), ensure_ascii=False)
        # 每条数据后添加换行
        line = i + '\n'
        # 写入数据到 mydata.json 文件中
        self.file.write(line)
        return item
    def close_spider(self, spider):
        # 关闭 mydata.json 文件
        self.file.close()
```

上述代码通过 pipelines.py 文件将获取到的当当网中的商品信息分别存储到 mydata.json 文件中。

10.4.3 修改 settings.py

打开该爬虫项目中的 settings.py 文件,然后修改 pipelines 的配置部分,代码如下所示:

```
#Configure item pipelines
#See http://scrapy.readthedocs.org/en/latest/topics/item-pipeline.html
ITEM_PIPELINES = {
    'autopjt.pipelines.AutopjtPipeline': 300,
}
```

开启 ITEM_PIPELINES 功能使得 pipelines.py 文件生效。

为了避免服务器通过 Cookie 信息识别爬虫行为，需关闭本地 Cookie，使得对方的服务器无法根据 Cookie 信息识别是否是爬虫而进行屏蔽处理，还需要设置 Cookie 禁用选项，代码如下：

```
COOKIES_ENABLED = False
```

一般网站的 robots.txt 文件中会禁止爬取相关数据，该文件是爬虫协议，一般情况下大家都应该遵守该协议。如果想获取禁止爬取的数据，则需要修改该爬虫项目中的设置文件 settings.py，让爬虫项目不遵守 robots.txt 规则即可。在 setting.py 文件中找到 ROBOTSTXT_OBEY，可以发现其默认值为 True，即表示默认遵守爬虫协议，将其修改为 False 即可。

10.4.4 编写爬虫文件

设置 settings.py 文件之后，就可以开始编写项目核心的爬虫文件，实现目标网页的自动爬取。

首先在爬虫项目下创建一个爬虫文件 autospd.py，如图 10.8 所示。

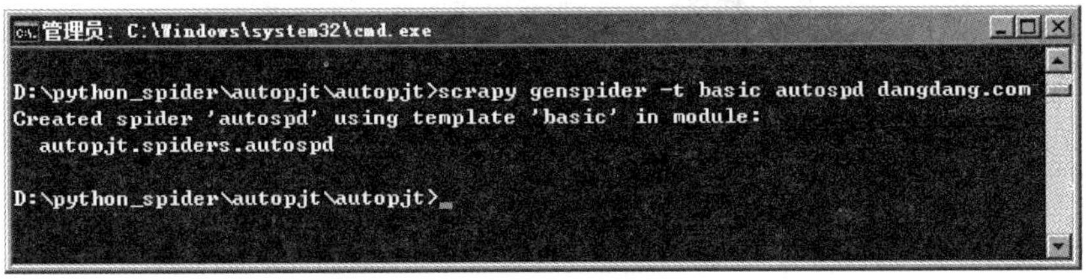

图 10.8 创建爬虫文件

创建爬虫文件后，进入自动化爬取核心阶段。为了实现网页的自动爬取，大家需要对爬取网页的 URL 地址进行分析，打开当当网页并定位到"地方特色"栏目，如图 10.9 所示。

单击"地方特色"进入商品页，如图 10.10 所示。

将网址复制出来进行分析，首页网址如下所示：

```
http://category.dangdang.com/pg1-cid10010056.html
```

单击页面中的"下一页"按钮，此时观察到网址的变化如下所示：

```
http://category.dangdang.com/pg2-cid10010056.html
```

再次单击页面的"下一页"按钮，此时观察到网址的变化如下所示：

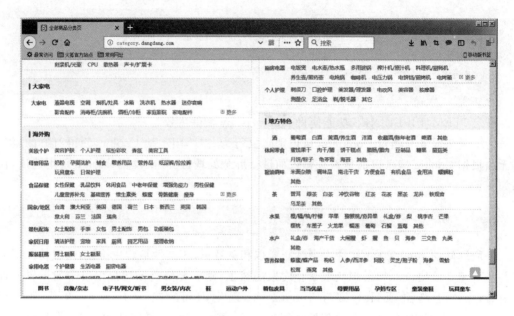

图 10.9 地方特色

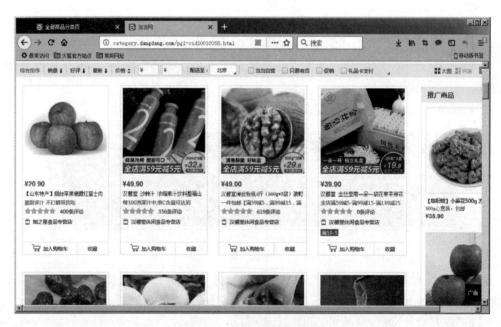

图 10.10 "地方特色"商品页

```
http://category.dangdang.com/pg3-cid10010056.html
```

由此可以得出结论,每一页的网址如下所示:

```
http://category.dangdang.com/pg[第几页]-cid10010056.html
```

得出结果后可以通过 for 循环将所有的页面自动爬取出来。

接下来分析如何提取网页信息（网页中的商品名称、商品价格、评论数），在页面中通过右键快捷菜单命令查看元素，如图 10.11 所示。

图 10.11　当当网网页源码

上述源码中，所需提取的商品信息部分如下所示：

> < a title = "【山东特产】烟台苹果栖霞红富士肉厚 脆甜多汁 新鲜水果 75 - 80♯果 5 斤包邮"
> ddclick = "act = normalResult_picture&pos = 1368168757_0_1_m" class = "pic"
> name = "itemlist - picture" dd_name = "单品图片"
> href = "http://product.dangdang.com/1368168757.html" target = "_blank">
> < img src = "http://img3m7.ddimg.cn/43/36/1368168757 - 1_b_3.jpg"
> alt = "【山东特产】烟台苹果栖霞红富士肉厚 脆甜多汁 新鲜水果 75 - 80♯果 5 斤包邮"></a>

通过对上面元素的分析，可得出商品名称的 XPath 表达式如下所示：

> "//a[@class = 'pic']/@title"

表达式意为提取网页中所有的 class 属性为 pic 的< a >标签中的 title 属性对应的值。

在网页源码中，商品价格对应的源码部分如下所示：

> < p class = "price">< span class = "price_n">￥20.90</span></p>

通过分析可以得出商品价格的 XPath 表达式如下所示：

> "//span[@class = 'price_n']"

表达式意为在< span >标签内，class 的属性值是 price_n。

接着继续提取商品的链接信息，在网页元素中，商品链接信息对应的源码部分如下所示：

```
<a title = "【山东特产】烟台苹果栖霞红富士肉厚 脆甜多汁 新鲜水果75-80♯果5斤包邮"
ddclick = "act = normalResult_picture&amp;pos = 1368168757_0_1_m" class = "pic"
name = "itemlist-picture" dd_name = "单品图片"
href = "http://product.dangdang.com/1368168757.html" target = "_blank">
```

从中可以看出,在源码的<a>标签下,<a>标签只有一个就是class属性为pic的特征,对应链接为href属性的值,通过分析可以得出商品链接信息的XPath表达式如下所示:

```
"//a[@class = 'pic']/@href"
```

接下来还需提取商品的评论数。商品的评论数在一定程度上可以体现对应商品的受欢迎程度。从网页元素中进行分析,对应源码部分如下所示:

```
<a href = "http://product.dangdang.com/1368168757.html?point = comment_point"
target = "_blank" name = "itemlist-review" dd_name = "单品评论"
ddclick = "act = click_review_count&amp;pos = 1368168757_0_1_m">400条评论</a>
```

从中可以看出,评论数是400,在a标签下的name属性的值为itemlist-review,通过分析可以得出商品评论数信息的XPath表达式如下所示:

```
"//a[@name = 'itemlist-review']/text()"
```

通过上述的分析,分别提取出商品名称、商品价格、商品链接、商品评论数的XPath表达式,接下来开始编写爬虫项目中的爬虫文件autospd.py,代码如下所示:

```python
import scrapy
from autopjt.items import AutopjtItem
from scrapy.http import Request
class AutospdSpider(scrapy.Spider):
    name = "autospd"
    allowed_domains = ["dangdang.com"]
    start_urls = (
        'http://category.dangdang.com/pg1-cid10010056.html',
    )
    def parse(self, response):
        item = AutopjtItem()
#通过各Xpath表达式分别提取商品的名称、价格、链接、评论数等信息
        item["name"] = response.xpath(
            "//a[@class = 'pic']/@title").extract()
        item["price"] = response.xpath(
            "//span[@class = 'price_n']/text()").extract()
        item["link"] = response.xpath(
            "//a[@class = 'pic']/@href").extract()
        item["comnum"] = response.xpath(
            "//a[@name = 'itemlist-review']/text()").extract()
#提取完成后返回item
```

```
            yield item
#通过循环自动爬取 75 页数据
        for i in range(1,76):
#通过上面总结的网址格式构造需要爬取的网址
            url = "http://category.dangdang.com/pg" + str(i)
+ " - cid10010056.html"
#通过 yield 返回 Request,并指定需要爬取的网址和回调函数
#实现自动爬取
            yield Request(url, callback = self.parse)
```

上述爬虫文件中关键部分已经通过 XPath 表达式对重点数据信息进行提取、需要爬取的网址的构造，以及通过 yield 返回 Request 实现网页的自动爬取等。

10.4.5 执行自动化爬虫

接下来运行爬虫项目下的 autospd 爬虫文件，代码如下所示：

```
D:\python_spider\autopjt > scrapy crawl autospd -- nolog
```

执行上述代码首先会通过 pipelines.py 文件中的设置，将爬取结果保存在如下文件中：

```
D:\python_spider\data\mydata.json
```

打开该文件，结果如图 10.12 所示。

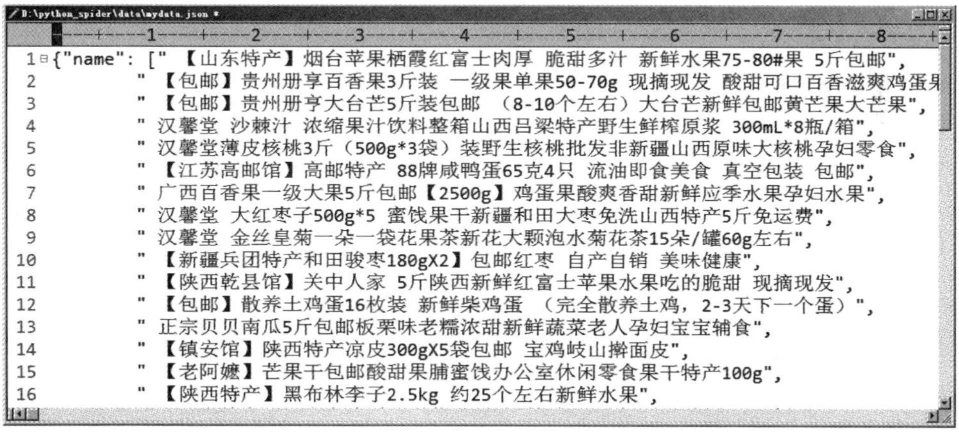

图 10.12　爬虫抓取商品信息

上述结果显示过于杂乱，如果每一行存储一个商品信息（评论数、价格、超链接、名称等），就需要进一步修改 pipelines.py 文件，程序如例 10-1 所示。

【例 10-1】　修改 pipelines.py 文件代码。

```
1  import codecs
2  import json
3  class AutopjtPipeline(object):
```

```
4      def __init__(self):
5          #此时存储数据文件是 mydata2.json,不与之前 mydata.json 冲突
6          self.file = codecs.open("D:/python_spider/data/mydata2.json",
7              "w", encoding = "utf-8")
8      def process_item(self, item, spider):
9          #每一页中包含多个商品信息,通过循环每一次处理一个商品
10         #其中 len(item["name"])为当前页的商品总数,依次遍历
11         for j in range(0, len(item["name"])):
12             #将当前页的第 j 个商品的名称赋值给变量 name
13             name = item["name"][j]
14             price = item["price"][j]
15             comnum = item["comnum"][j]
16             link = item["link"][j]
17             #将当前页下第 j 个商品的 name、price、comnum、link 等信息进行处理
18             #重新组合成一个字典
19             goods = {"name": name, "price": price, "comnum": comnum,
20                 "link": link}
21             #将组合后的当前页第 j 个商品的数据写入 json 文件
22             i = json.dumps(dict(goods), ensure_ascii = False)
23             line = i + '\n'
24             self.file.write(line)
25         #返回 item
26         return item
27     def close_spider(self, spider):
28         self.file.close()
```

运行结果如图 10.13 所示。

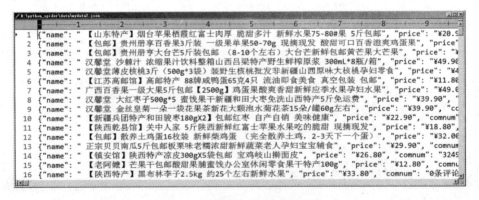

图 10.13 mydata2.json 文件信息

在图 10.13 中,每一行存储一个商品的信息,分别包含商品名称、商品的价格、商品评论数和商品链接等。

10.5 CrawlSpider

在 Scrapy 中还提供了一种自动爬取网页的爬虫——CrawlSpider,它是 Spider 的派生类,设计原则是从爬取网页中获取链接(link)并继续爬取。

10.5.1 创建 CrawlSpider

首先创建一个名称为 mycwpjt 的爬虫项目,如图 10.14 所示。

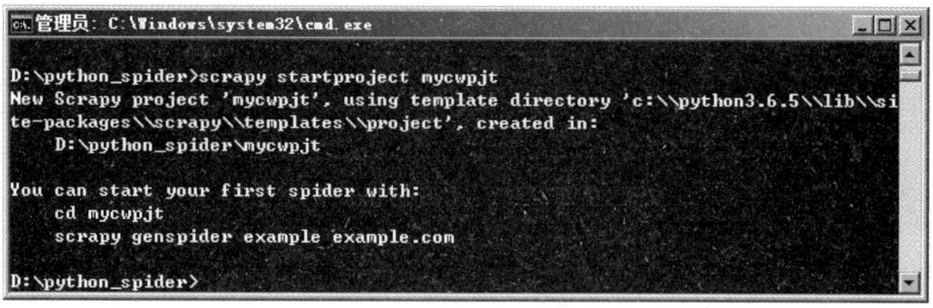

图 10.14 创建 mycwpjt 项目

爬虫项目创建完成后,进入该目录,查看爬虫项目下含有的爬虫模板,如图 10.15 所示。

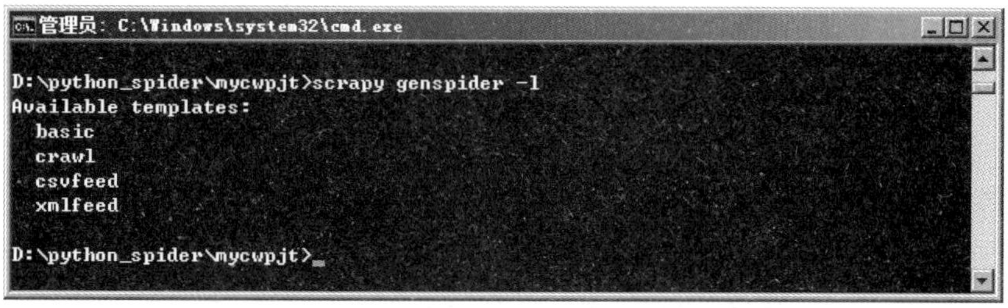

图 10.15 查看 mycwpjt 项目下的模板

爬虫模板中有一个 crawl 模板,创建 CrawlSpider 时就是依据 crawl 模板。创建命令如图 10.16 所示。

图 10.16 创建 CrawlSpider 爬虫

此时自动生成 qianfeng.py 文件,文件内容如下所示:

```
# -*- coding: utf-8 -*-
import scrapy
from scrapy.linkextractors import LinkExtractor
from scrapy.spiders import CrawlSpider, Rule
class QianfengSpider(CrawlSpider):
    name = 'qianfeng'
    allowed_domains = ['1000phone.com']
    start_urls = ['http://1000phone.com/']
    rules = (
        Rule(LinkExtractor(allow=r'Items/'), callback='parse_item',
```

```
                follow = True),
        )
        def parse_item(self, response):
            i = {}
            #i['domain_id'] =
                response.xpath('//input[@id = "sid"]/@value').extract()
            #i['name'] = response.xpath('//div[@id = "name"]').extract()
            #i['description'] =
                response.xpath('//div[@id = "description"]').extract()
            return i
```

上述代码是一个 CrawlSpider 爬虫的默认内容,其中 start_urls 是设置起始网址,rules 是设置自动爬取的规则,LinkExtractor 定义了如何从爬取到的页面中提取链接,parse_item 方法用于编写爬虫处理过程。

10.5.2 LinkExtractor

LinkExtractor 意为链接提取器,主要负责提取 Response 响应中符合条件的链接,其常见的参数如表 10.1 所示。

表 10.1 LinkExtractor 的常见参数

参 数	说 明
allow	提取符合正则表达式的链接
deny	拒绝符合正则表达式的链接
restrict_xpaths	使用 XPath 表达式与 allow 共同作用提取出同时符合条件的链接
allow_domains	允许提取的域名
deny_domains	禁止提取的域名

如果需要提取搜狐链接下含有'.shtml'字符串的链接,构建 rules 代码如下所示:

```
rules = (
    Rule(LinkExtractor = ('.shtml'),callback = 'parse_item', follow = True),
)
```

如果需要进一步限制只能提取搜狐官网的链接(sohu.com),可以设置域名为只允许提取 sohu.com 域名的链接,将 rules 设置为如下所示:

```
rules = (
    Rule(LinkExtractor = ('.shtml'),allow_domains = (sohu.com)),
callback = 'parse_item', follow = True),
)
```

设置完成后,爬虫就会按照对应的规则提取 Response 响应中符合条件的链接,成功提取链接之后会进一步爬取这些链接。

10.5.3 CrawlSpider 部分源代码分析

CrawlSpider 部分源代码如下所示:

```
from scrapy.spiders.crawl import CrawlSpider, Rule
class CrawlSpider(Spider):
    rules = ()
    def __init__(self, *a, **kw):
        super(CrawlSpider, self).__init__(*a, **kw)
        self._compile_rules()
    def parse(self, response):
        return self._parse_response(response, self.parse_start_url,
                    cb_kwargs = {}, follow = True)
    def parse_start_url(self, response):
        return []
```

当 start_url 的请求返回时,该方法被调用。该方法分析最初的返回值并返回一个 Item 对象或者一个 Request 对象或者一个可迭代的包含二者对象。

Crawling rules 规则如下代码所示:

```
class Rule(object):
    def __init__(self, link_extractor, callback = None, cb_kwargs = None,
follow = None, process_links = None, process_request = identity):
```

代码参数详细解释如表 10.2 所示。

表 10.2 Rule 参数详解

参数	说明
link_extractor	是一个 Link Extractor 对象。其定义了如何从爬取到的页面提取链接
callback	是一个 callable 或 string(该 spider 中同名的函数将会被调用)。从 link_extractor 中每获取到链接时将会调用该函数。该回调函数接受一个 response 作为其第一个参数,并返回一个包含 Item 以及(或) Request 对象(或者这两者的子类)的列表(list)
cb_kwargs	包含传递给回调函数的参数(keyword argument)的字典
follow	是一个布尔(boolean)值,指定了根据该规则从 response 提取的链接是否需要跟进。如果 callback 为 None,follow 默认设置为 True,否则默认为 False
process_links	是一个 callable 或 string(该 spider 中同名的函数将会被调用)。从 link_extractor 中获取到链接列表时将会调用该函数。该方法主要用来过滤
process_request	是一个 callable 或 string(该 spider 中同名的函数将会被调用)。该规则提取到每个 request 时都会调用该函数。该函数必须返回一个 request 或者 None

10.5.4 实例 CrawlSpider

接下来分析 CrawlSpider 的工作流程,具体如图 10.17 所示。

从图 10.17 可以看出,CrawlSpider 爬虫根据 LinkExtractor 设置的规则自动提取符合条件的网页链接,提取后再自动对链接进行爬取,形成一个循环,通过 rules 中的 follow 参数控制是否跟进,True 表示循环爬取,False 表示爬取一次就断开循环。

下面以自动爬取搜狐网站新闻为例,使用之前创建的爬虫项目 mycwpjt,然后编写 items.py 文件,代码如下所示:

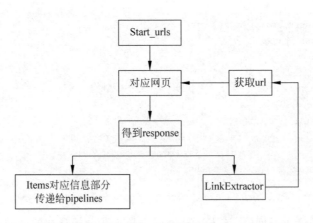

图 10.17　工作流程图

```
import scrapy
class MycwpjtItem(scrapy.Item):
    name = scrapy.Field()
    link = scrapy.Field()
```

此时可以使用 name 属性存储新闻的标题，link 属性存储新闻的链接。接着再修改爬虫项目中的 pipelines.py 文件，代码如下所示：

```
class MycwpjtPipeline(object):
    def process_item(self, item, spider):
        print(item["name"])
        print(item["link"])
        return item
```

首先打印出新闻的标题，再打印出新闻对应的链接。接下来还需要编写爬虫项目中的 settings.py 文件，代码如下所示：

```
#Configure item pipelines
#See http://scrapy.readthedocs.org/en/latest/topics/item-pipeline.html
ITEM_PIPELINES = {
    'mycwpjt.pipelines.MycwpjtPipeline': 300,
}
```

配置好项目的 settings.py 文件后，就需要编写核心的爬虫文件 qianfeng.py，如例 10-2 示。

【例 10-2】　编写 qianfeng.py 文件。

```
1  # -*- coding: utf-8 -*-
2  import scrapy
3  from scrapy.linkextractors import LinkExtractor
4  from scrapy.spiders import CrawlSpider, Rule
5  from mycwpjt.items import MycwpjtItem
```

```
 6  class QianfengSpider(CrawlSpider):
 7      name = 'qianfeng'
 8      allowed_domains = ['sohu.com']
 9      start_urls = ['http://news.sohu.com/']
10      rules = (
11          #新闻网页的URL地址：
12          # http://news.sohu.com/20171207/n524619786.shtml
13          Rule(LinkExtractor(allow = ('.*?/n.*?shtml'),
14              allow_domains = ('sohu.com')), callback = 'parse_item',
15              follow = True),
16      )
17      def parse_item(self, response):
18          i = MycwpjtItem()
19          #根据Xpath表达式提取新闻网页中的标题
20          i['name'] = response.xpath("/html/head/title/text()").extract()
21          #根据Xpath表达式提取当前新闻网页的链接
22          i['link'] = response.xpath("//link[@rel = 'canonical']/@href")
23              .extract()
24          return i
```

编写好爬虫文件后启动该项目，代码如下所示：

```
D:\python_spider\mycwpjt > scrapy crawl qianfeng
```

运行结果如图10.18所示。

```
Terminal
2018-08-12 17:29:00 [scrapy.core.scraper] DEBUG: Scraped from <200 http://news.sohu.com/20150702/n41
6035523.shtml>
{'link': ['http://news.sohu.com/20150702/n416035523.shtml'],
 'name': ['网曝郑州高校打死20多只流浪狗 校方回应-搜狐新闻']}
['湖北工大保安校园内反复碾压流浪狗引争议-搜狐新闻']
['http://news.sohu.com/20160420/n445226108.shtml']
```

图10.18　自动化爬取搜狐新闻

此时爬虫会不间断地跟进，会根据网站中的链接一直爬取下去，此时只能用Ctrl＋C链终止爬行。若设置不跟进链接进行爬取，则需要修改rules部分设置，具体代码如下所示：

```
rules = (
    Rule(LinkExtractor(allow = ('.*?/n.*?shtml'),
        allow_domains = ('sohu.com')),
            callback = 'parse_item', follow = False),    #将follow改为False
)
```

10.6　本章小结

本章详细讲解了Scrapy的核心架构、爬虫结果存储、自动化爬取以及CrawlSpider。本章通过Scrapy框架爬取当当网商品信息的实际案例，来增强大家对Scrapy的理解。

10.7 习　　题

1. 填空题

(1) 在 Scrapy 组件中，_____是实现 Scrapy 框架爬虫的核心部分。

(2) 在 Scrapy 组件中，用于接收从爬虫组件中提取的 item 的组件是_____。

(3) 在 Scrapy 的配置文件 settings.py 中，关闭 Cookie 的配置字段是_____。

(4) 在 Scrapy 组件中，Scheduler 作用是_____。

(5) 在 Scrapy 组件中，Downloader 作用是_____。

2. 选择题

(1) 下列选项中，(　　)不属于 Scrapy 组件。

　　A. Scrapy Engine　　　　　　B. Scheduler

　　C. Spiders　　　　　　　　　D. flask

(2) 下列选项中，(　　)属于 Item Pipeline 应用。

　　A. 查询　　　　　　　　　　B. 数据存储

　　C. 数据添加　　　　　　　　D. 数据移除

(3) 下列选项中，(　　)命令用于创建爬虫文件。

　　A. genspider　　　　　　　　B. crawl

　　C. run　　　　　　　　　　　D. touch

(4) 下列选项中，(　　)命令用于执行爬虫文件。

　　A. crawl　　　　　　　　　　B. ps

　　C. run　　　　　　　　　　　D. mkdir

(5) 下列选项中，创建 CrawlSpider 时是基于(　　)模板的。

　　A. crawl　　　　　　　　　　B. basic

　　C. csvfeed　　　　　　　　　D. xmlfeed

3. 思考题

(1) 简述 Scrapy 自动化爬取的步骤。

(2) 简述 CrawlSpider 的工作流程。

4. 编程题

编写 Scrapy 框架爬取千锋官网（www.1000phone.com）首页的所有链接。

第 11 章 Scrapy 实战项目

本章学习目标
- 掌握爬取文章网站的爬虫开发。
- 掌握爬虫项目开发的流程实现。

通过对前面章节知识的学习,相信大家已经掌握了 Python 网络爬虫的基础知识,也练习了很多小案例(包括使用 urllib 模块手写 Python 网络爬虫,以及使用 Scrapy 框架编写 Python 爬虫)。本章通过几个网络爬虫项目为大家讲解 Python 网络爬虫项目的开发。

11.1 文章类项目

11.1.1 需求分析

爬虫项目开发的准备阶段,需要对项目进行功能定位分析,本章需要建立一个爬虫实现如下功能:
- 爬取网站中一个用户的所有文章信息。
- 提取文章名称、文章地址、文章评论数等信息。
- 提取出的信息自动存入数据库。

在实际应用中,若需要对网络中某个网站的博文信息进行数据采集,作为第三方,是无法获得网站的结构化数据,因此需要网络爬虫爬取对应信息,存储后用作数据分析源。

11.1.2 实现思路

该爬虫项目主要的实现思路如下所示:
- 通过 urllib 模块编写爬虫提取文章信息。
- 通过 Scrapy 模块编写爬虫项目实现循环爬取用户文章信息。
- 通过 Scrapy 项目中 pipelines.py 文件对信息进行二次处理。
- 模拟浏览器通过 Scrapy 进行爬取。

11.1.3 程序设计

本项目将爬虫结果存储至 MySQL 数据库中,因此首先设计数据库、表的结构化信息,用于存储文章名 name、文章 url、用户点击数 hits、用户评论 comment 等信息。

首先通过"net start mysql"命令启动 MySQL 数据库,启动后使用命令"mysql -u root -p"登录 MySQL,如图 11.1 所示。

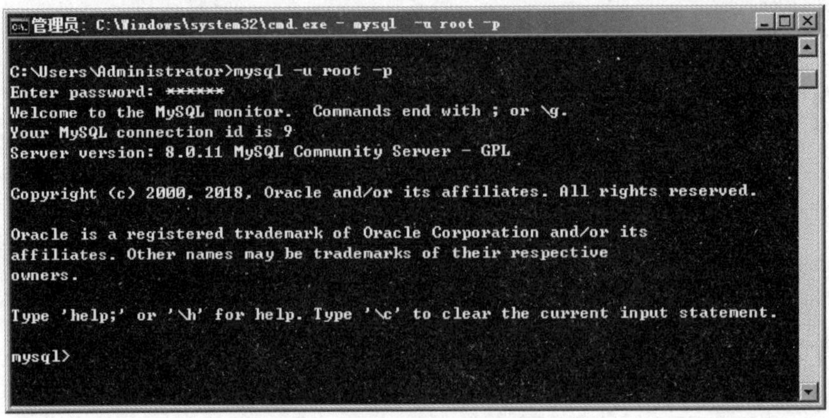

图 11.1　登录 MySQL

登录后通过相关 SQL 语句创建项目中需要的数据库 qianfeng，并创建表 myqf，最后检查是否创建成功，SQL 语句如图 11.2 所示。

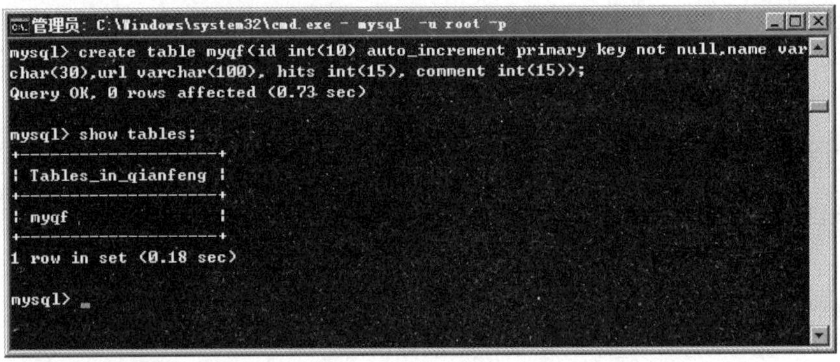

图 11.2　创建数据库并建表

接着查询数据表结构，查询 SQL 语句如下所示：

```
desc myqf;
```

SQL 运行结果如图 11.3 所示。

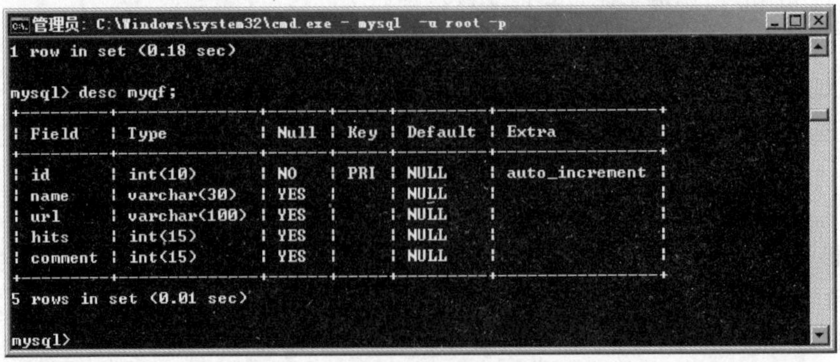

图 11.3　创建的数据表结构信息

此时数据表已经建立完成,接下来开始使用 Scrapy 框架创建爬虫项目 qfpjt,如图 11.4 所示。

图 11.4　创建爬虫项目 qfpjt

创建爬虫项目之后,使用 PyCharm 打开该项目,在 PyCharm 中修改 items.py 文件,如图 11.5 所示。

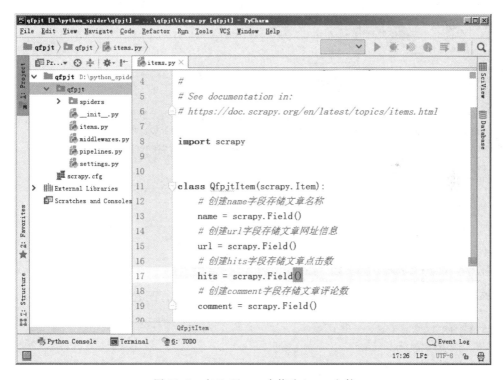

图 11.5　在 PyCharm 中修改 items 文件

具体代码如下所示:

```
import scrapy
class QfpjtItem(scrapy.Item):
    # 创建 name 字段存储文章名称
    name = scrapy.Field()
    # 创建 url 字段存储文章网址信息
```

```
        url = scrapy.Field()
        #创建 hits 字段存储文章点击数
        hits = scrapy.Field()
        #创建 comment 字段存储文章评论数
        comment = scrapy.Field()
```

接下来开始编写 pipelines.py 文件对爬取的信息再次处理,修改的 pipelines.py 文件代码如下所示:

```
import pymysql
class QfpjtPipeline(object):
    #初始化时连接数据库
    def __init__(self):
        self.conn = pymysql.connect(host = "127.0.0.1", user = "root",
            password = "", db = "qianfeng", charset = 'utf8')
    def process_item(self, item, spider):
        #每一个博文列表页中包含多篇博文的信息,可以通过 for 循环处理各博文的信息
        for j in range(0, len(item["name"])):
            #将获取到的 name、url、hits、comment 分别赋给各变量
            name = item["name"][j]
            url = item["url"][j]
            hits = item["hits"][j]
            comment = item["comment"][j]
            #构造对应的 SQL 语句,实现将获取到的对应数据插入数据库中
            sql = "insert into myqf (name,url,hits,comment) VALUES('" + name
                + "','" + url + "','" + hits + "','" + comment + "')"
            #通过 query 实现执行对应的 SQL 语句
            self.conn.query(sql)
            self.conn.commit()
        return item
    def close_spider(self, spider):
        #关闭数据库连接
        self.conn.close()
```

修改 pipelines.py 文件后,还需要对 settings.py 文件进行配置,修改部分如下所示。

```
ITEM_PIPELINES = {
    'qfpjt.pipelines.QfpjtPipeline': 300,
}
```

开启 ITEM_PIPELINES 之后,关闭 Cookie 避免服务器通过 Cookie 信息识别爬虫身份,修改部分如下所示:

```
#Disable cookies (enabled by default)
COOKIES_ENABLED = False
```

最后关闭 robots 协议,防止服务器 robots.txt 文件对爬虫进行限制,修改部分如下所示:

```
# Obey robots.txt rules
ROBOTSTXT_OBEY = False
```

配置完成 settings.py 文件之后,在项目目录中创建爬虫文件 myqfspd,创建方式如图 11.6 所示。

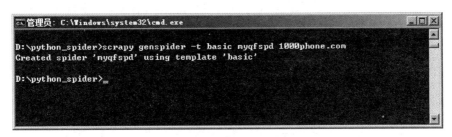

图 11.6　创建爬虫文件 myqfspd

上述代码基于 basic 创建了一个 myqfspd 爬虫,接下来将讲解如何使用该爬虫实现对网站中文章的爬取。

11.1.4　请求分析

上面已经创建好爬虫文件,在编写爬虫代码之前,首先分析爬虫的创建过程以及创建思路。打开一个博客网址 http://19940007.blog.hexun.com/,如图 11.7 所示。

图 11.7　博客页面

右击选择"查看网页源代码"命令,效果如图 11.8 所示。

通过分析页面中的一篇文章,提取文章名、文章 URL、文章的点击数、文章评论数等信息。对应信息已经在源代码中展现,因此通过 XPath 可以方便地提取信息。包含文章名和文章 URL 的对应源代码是在 class='ArticleTitleText'的< span >标签中,如图 11.9 所示。

提取文章名和文章 URL 的 XPath 表达式如下所示:

图 11.8 查看网页源代码

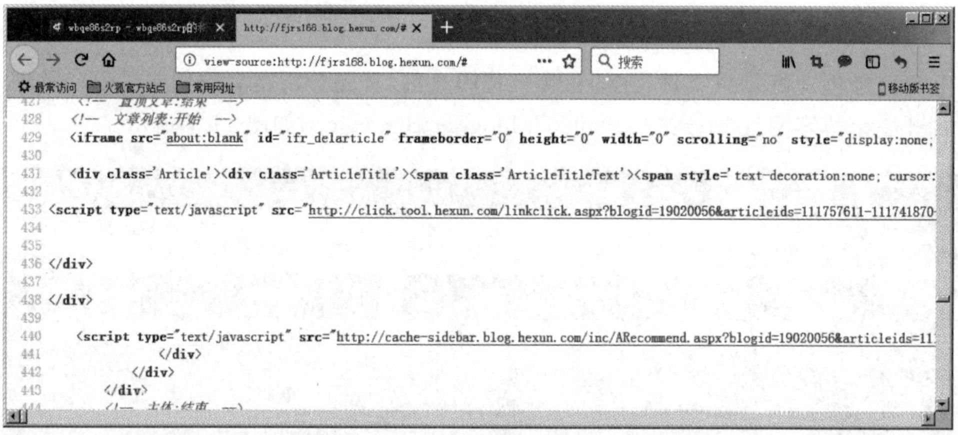

图 11.9 XPath 所需源代码

```
"//span[@class = 'ArticleTitleText']/a/text()"
"//span[@class = 'ArticleTitleText']/a/@href"
```

继续观察网页源代码,文中没有包含文章点击数和阅读数等信息,是因为这些信息是 JavaScript 脚本动态获取的。此时可以使用 Fiddler 工具分析网络请求。

打开 Fiddler,刷新网页,查看网页加载过程中触发的网址,如图 11.10 所示。

复制该链接,查看链接信息如下所示:

```
http://click.tool.hexun.com/linkclick.aspx? blogid = 19020056&articleids = 111757611 -
111741870 - 111699309 - 111682931 - 111667053 - 111651358 - 111626307 - 111595373 -
111580691 - 111565747 - 111757611 - 111741870 - 111699309 - 111682931 - 111667053 -
111651358 - 111626307 - 111595373 - 111580691 - 111565747
```

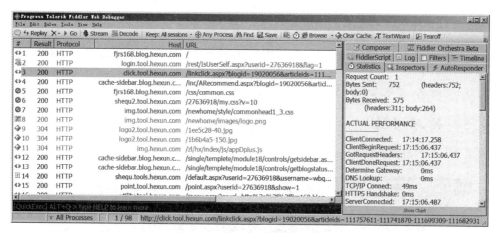

图 11.10 Fiddler 抓取信息

在浏览器中打开该链接,查看信息如图 11.11 所示。

图 11.11 链接查询结果

观察图 11.11 中的数据,可以看到 click111757611 后对应的值为第一篇博客的点击数,comment111757611 对应的值为第一篇博客的评论数,以此类推,每篇博客的点击数与评论数都可以在该数据中找到,因此可以通过该数据使用正则表达式提取博客点击数和评论数。

提取网页中所有文章点击数的正则表达式如下所示:

```
"click\d*?','(\d*?)'"
```

提取网页中所有文章评论数的正则表达式如下所示:

```
"comment\d*?','(\d*?)'"
```

接下来在文章列表网页源码中搜索存储点击数与阅读数的 URL 地址,效果如图 11.12 所示。

图 11.12 对应的网页源码

那么通过正则表达式提取存储信息的网址,如下所示:

'<script type="text/javascript" src="(http://click.tool.hexun.com/.*?)">'

至此,文章名、文章 URL、文章点击数、文章评论数等信息提取规则已经分析完成。

11.1.5 循环网址

网页中,一个用户的博客中有多页内容,如图 11.13 所示。

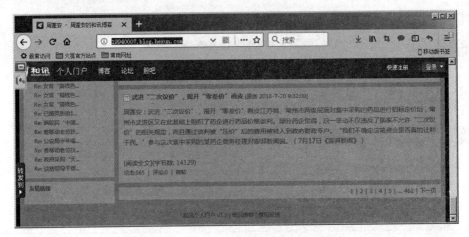

图 11.13 文章存在多页内容

观察网页 URL 信息,第一页是"http://19940007.blog.hexun.com/p1/default.html",第二页是"http://19940007.blog.hexun.com/p2/default.html",第三页 URL 是"http://19940007.blog.hexun.com/p3/default.html",从而发现网址规律如下所示:

http://19940007.blog.hexun.com/p[页数]/default.html

因此可以通过 for 循环依次爬取对应用户的所有文章页,循环的次数应该对应用户文章总页数,查看网页文章总页数在网页源代码中,搜索 p462 关键词,如图 11.14 所示。

图 11.14 文章总页数

观察图片信息,可以观察出符合格式的网址总页数正则表达式为:

```
"blog.hexun.com/p(.*?)/"
```

在获得了以上信息后,下面开始编写文章爬虫。

11.1.6 爬虫运行

爬虫文件 myqfspd.py 代码如下所示:

```python
# -*- coding: utf-8 -*-
import scrapy
import re
import urllib.request
from qfpjt.items import QfpjtItem
from scrapy.http import Request
class MyqfspdSpider(scrapy.Spider):
    name = "myqfspd"
    allowed_domains = ["hexun.com"]
    #设置要爬取的用户uid,为后续构造爬取网址做准备
    uid = "19940007"
    #通过start_requests方法编写首次的爬取行为
    def start_requests(self):
        #首次爬取模拟成浏览器进行
        yield Request("http://" + str(self.uid) +
            ".blog.hexun.com/p1/default.html", headers = {
            'User-Agent': 'Mozilla/5.0 (Windows NT 6.1; Win64; x64; rv:61.0)
                Gecko/20100101 Firefox/61.0'})
    def parse(self, response):
        item = QfpjtItem()
        item['name'] = response.xpath("//span[@class='ArticleTitleText']
            /a/text()").extract()
        item["url"] = response.xpath("//span[@class='ArticleTitleText']
            /a/@href").extract()
        #接下来需要使用urllib和re模块获取博文的评论数和点击数
        #首先提取存储评论数和点击数网址的正则表达式
        pat1 = '<script type="text/javascript"
            src="(http://click.tool.hexun.com/.*?)">'
        #hcurl为存储评论数和点击数的网址
        hcurl = re.compile(pat1).findall(str(response.body))[0]
        #模拟成浏览器
        headers2 = ("User-Agent", "Mozilla/5.0 (Windows NT 6.1; Win64; x64;
            rv:61.0)Gecko/20100101 Firefox/61.0")
        opener = urllib.request.build_opener()
        opener.addheaders = [headers2]
        #将opener安装为全局
        urllib.request.install_opener(opener)
```

```
#data 为对应博客列表页的所有博文的点击数与评论数数据
data = urllib.request.urlopen(hcurl).read()
#pat2 为提取文章点击数的正则表达式
pat2 = "click\d*?','(\d*?)'"
#pat3 为提取文章评论数的正则表达式
pat3 = "comment\d*?','(\d*?)'"
#提取点击数和评论数数据并分别赋值给 item 下的 hits 和 comment
item["hits"] = re.compile(pat2).findall(str(data))
item["comment"] = re.compile(pat3).findall(str(data))
yield item
#提取博文列表页的总页数
pat4 = "blog.hexun.com/p(.*?)/"
#通过正则表达式获取到的数据为一个列表,倒数第二个元素为总页数
data2 = re.compile(pat4).findall(str(response.body))
if (len(data2) >= 2):
    totalurl = data2[-2]
else:
    totalurl = 1
#在实际运行中,下一行 print 的代码可以注释
#print("一共" + str(totalurl) + "页")
#进入 for 循环,依次爬取各博文列表页的博文数据
for i in range(2, int(totalurl) + 1):
    #构造下一次要爬取的 url,爬取下一页博文列表页中的数据
    nexturl = "http://" + str(self.uid) + ".blog.hexun.com/p" + str(i)
             + "/default.html"
    #进行下一次爬取,下一次爬取仍然模拟成浏览器进行
    yield Request(nexturl, callback = self.parse, dont_filter = True,
        headers = {'User-Agent': "Mozilla/5.0 (Windows NT 6.1; WOW64)
        AppleWebKit/537.36 (KHTML, like Gecko) Chrome/38.0.2125.122
        Safari/537.36 SE2.X MetaSr 1.0"})
```

运行该爬虫项目,代码如下所示:

```
D:\python_spider\qfpjt > scrapy crawl myqfspd -- nolog
```

运行该爬虫后,数据将被存储至 MySQL 数据库中,使用可视化工具 navicat 打开 MySQL,如图 11.15 所示。

任意复制一条 URL 使用浏览器打开,比如打开 id 为 5 的网页,如图 11.16 所示。

可以验证,打开的网页博客中的标题与爬取到的 name 一致。接下来查看该篇博客的点击数与评论数,如图 11.17 所示。

与 MySQL 中的数据一致,因此爬取到的数据有效。

本项目中,使用 Scrapy 框架结合 urllib 模块的方式实现博客类爬虫,分别采用了正则表达式和 XPath 表达式来提取信息。在实际应用中,大家可选择一种更方便的方式来提取信息。

图 11.15 数据所有查询结果

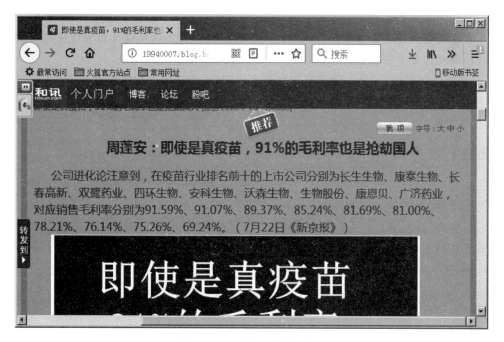

图 11.16 id 为 5 的博客内容

图 11.17　id 为 5 的博客点击数与评论数

11.2　图片类项目

在前面的章节中,已经讲解了 urllib 模块手写爬虫爬取图片,本节将通过 Scrapy 框架实现爬取图片类项目。

11.2.1　需求分析

有时需要做一个商品的图片设计,需要对互联网中的图片进行分析参考,通过互联网一个个地打开查看网页费时费力,使用爬虫将对应网站栏目下所有图片保存至本地,更加方便实用。

11.2.2　实现思路

在开始项目开发之前提前构思该项目的实现思路以及实现步骤是尤为重要的。实现该项目的思路具体如下所示。

- 分析需要爬取的网页,发现其中网页内容规律,总结提取数据的表达式。
- 创建 Scrapy 爬虫项目,编写对应项目的配置文件、项目文件、管道文件。
- 编写爬虫文件,自动化爬取所需页面的所有原图。

11.2.3　程序设计

在本项目中,以摄图网(http://699pic.com/people.html)中的素材进行爬虫设计。首先打开摄图网,如图 11.18 所示。

右击选择"查看网页源代码"命令,找到第一张图片的位置,如图 11.19 所示。

观察相关规律,发现图片地址都保存在< div class="swipeboxex">< div class="list">< a >< image >的属性 data-original 下,据此可以找到图片 URL 的 XPath 表达式如下所示:

//div[@class="swipeboxEx"]/div[@class="list"]/a/img/@data-original

11.2.4　项目实现

Scrapy 提供了一个 ImagesPipeline 类来方便地下载和存储图片,使用该类时需要 PIL

图 11.18　摄图网官网

图 11.19　摄图网首页源码

库支持。使用如下命令安装 PIL 库：

```
pip install Pillow
```

安装完成后下面开始图片爬虫项目的创建。创建项目名称为 garbimage 的图片爬虫项目，如图 11.20 所示。

创建爬虫项目后，进入该爬虫项目中编写 items.py 文件，代码如下所示：

```
import scrapy
class GrabimageItem(scrapy.Item):
```

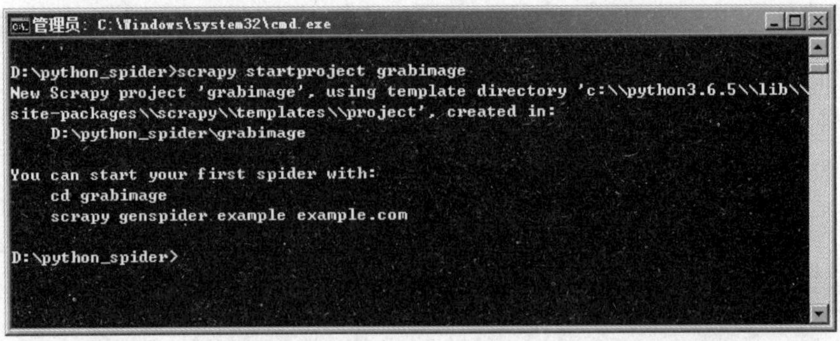

```
图 11.20  创建图片爬虫项目 grabimage
```

```
    image_urls = scrapy.Field()        #图片链接
    images = scrapy.Field()            #要存储的图片
    image_path = scrapy.Field()        #存储的图片路径
```

编写完成 items.py 文件，还需要编写 pipelines.py 文件。注意这里继承 Scrapy 提供的 ImagesPipeline 类来创建 pipelines 文件。具体代码如下所示：

```
from scrapy.exceptions import DropItem
from scrapy.pipelines.images import ImagesPipeline
from scrapy.http import Request
class GrabimagePipeline(ImagesPipeline):            #继承 ImagesPipeline 类
    def get_media_requests(self,item,info):         #必须重载的方法
        for image_url in item['image_urls']:
            yield Request(image_url)
    def item_completed(self, results, item, info):  #必须重载的方法
        image_path = [x['path'] for ok,x in results if ok]
        print(image_path)
        if not image_path:
            raise DropItem('items contains no images')
        item['image_path'] = image_path
        return item
```

这里先介绍 ImagePipeline 的优点以及工作流程。ImagePipeline 可将下载图片转换成通用的 JPG 和 RGB 格式，该类对象具有避免重复下载、生成缩略图、过滤图片大小等优点，因而在图片爬虫中被广泛使用。

ImagePipeline 的工作流程如下所示：

- 爬取一个 Item，将图片的 URL 放入 image_urls 字段。
- 从 Spider 返回的 Item，传递到 Item Pipeline。
- 当 Item 传递到 ImagePipeline，将调用 Scrapy 调度器和下载器完成 image_urls 中的 URL 的调度和下载。ImagePipeline 会自动高优先级抓取这些 URL，与此同时，item 会被锁定直到图片抓取完毕才被解锁。
- 图片下载成功后，图片下载路径以及 URL 等信息会被填充到 images 字段中。

接着修改配置文件 settings.py，修改配置文件代码如下所示：

```
ITEM_PIPELINES = {
    'grabimage.pipelines.GrabimagePipeline': 300,
}
IMAGES_STORE = 'D:\scrapy_project\image'    #图片存储路径
IMAGES_EXPIRES = 90                          #过期天数
IMAGES_MIN_HEIGHT = 100                      #图片的最小高度
IMAGES_MIN_WIDTH = 100                       #图片的最小宽度
```

修改配置文件完成后,开始创建图片爬虫文件imagespd,命令如下所示:

```
scrapy genspider -t basic imagespd 699pic.com
```

此时已经创建了名称为imagespd的图片爬虫。文件imagespd.py中代码如下所示:

```
import scrapy
from grabimage.items import GrabimageItem
class ImagespdSpider(scrapy.Spider):
    name = 'imagespd'
    allowed_domains = ['699pic.com']
    start_urls = ['http://699pic.com/people.html']
    def parse(self, response):
        items = GrabimageItem()
        items['image_urls'] = response.xpath('//div[@class="swipeboxEx"]
            /div[@class="list"]/a/img/@data-original').extract()
        return items
```

编写完成爬虫文件后,运行爬虫项目,具体如下所示:

```
D:\python_spider\grabimage> scrapy crawl imagespd
```

等待程序运行完成后,进入"D:\scrapy_project\image"目录中,会发现有一个名为full的文件夹,打开该文件夹,将看到爬取到的图片,如图11.21所示。

图11.21 爬取到的图片

至此，图片爬虫项目全部完成。在本项目中，大家需要重点掌握 ImagePipeline 的使用方式，以及在继承 ImagePipeline 后必须重载的两个方法。

11.3 登录类项目

在浏览网页时，直接通过静态 URL 链接就能访问的静态页面属于表层网页，而深层网页是需要提交一定的表单或发送一些关键字后才能获取到，比如需要登录网页之后才可以看到的个人中心等页面。

在之前的章节中已经为大家介绍了如何使用 GET 请求或 POST 请求获取深层网页的方式，本项目为大家介绍另一种获取深层网页的方式——使用 Scrapy 框架模拟登录。

11.3.1 需求分析

通过爬虫登录一个网页，首先要分析网站登录时提交的表单地址信息，然后分析需要提交的表单信息以及功能。为了实现网页的登录，需要保持 Cookie 信息与处理验证码，防止爬虫在网页弹出验证码时崩溃。

在本节项目中，实现功能如下所示：

- 通过 Scrapy 框架传递登录表单，实现网站登录。
- 处理 Cookie，保持登录状态。
- 登录成功后查询深层网页内容。

11.3.2 实现思路

本项目选用 GitHub 网站（https://github.com/）进行模拟登录，打开其登录页面（https://github.com/login），如图 11.22 所示。

浏览器登录时只需要输入正确的账号、密码，即可实现登录。若是通过爬虫程序进行登录，则需要分析出登录表单中的账号、密码请求地址。与其他网站不同的是，GitHub 登录时除了账号密码外，还有一个名为 authenticity_token 的参数。

使用 F12 键打开调试界面，定位到 < form > 标签中，会发现有一个 type = "hidden" 的 input 标签，该标签中 value 值是当 form 提交时与账号和密码一起作为参数使用。具体如图 11.23 所示。

在图 11.23 中 name = "authenticity_token" 的 input 标签中的 value 值会在提交表单时作为参数提交，通过观察可发现 value 的 XPath 表达式如下所示：

```
//input[@name = 'authenticity_token']/@value
```

继续观察页面元素，如图 11.24 所示。

从图 11.24 中可以看出，登录账号的 HTML 源代码如下所示：

```
< input name = "login" id = "login_field" value = ""
class = "form - control input - block"tabindex = "1" autocapitalize = "off"
autocorrect = "off" type = "text">
```

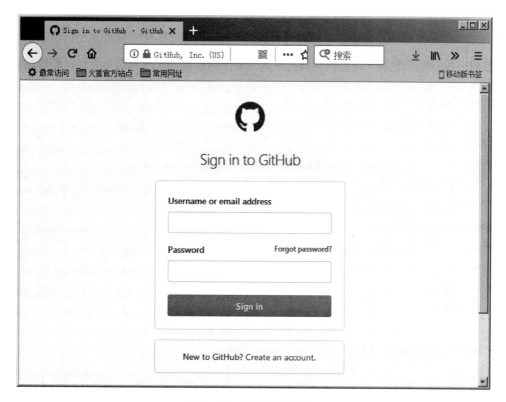

图 11.22 GitHub 登录页面

图 11.23 authenticity_token 所在位置

那么关于账号的字段名就是 input 标签中的 name 对应的值信息,具体如下所示:

name = "login"

图 11.24　账号和密码所在位置

同样也可以看出登录密码的 HTML 源代码如下所示：

```
< input name = "password" id = "password" class = "form - control form - control
input - block" tabindex = "2" autofocus = "autofocus" type = "password">
```

那么关于密码的字段名就是 input 标签中的 name 对应的值信息，具体如下所示：

```
name = "password"
```

11.3.3　程序设计

在程序设计之前先介绍一个 Request 的子类——FormRequest。Scrapy 使用 Request 和 Response 对象爬取 Web 站点。一般来说，Request 对象在 Spiders 中生成并且最终传递到下载器（Downloader），下载器对其进行处理并返回一个 Response 对象，Response 对象还会返回到生成 Request 的 Spiders 中。

FormRequest 作为 Request 的子类，一般用作表单数据提交。FormRequest 的构造方法如下所示：

```
class scrapy.http.FormRequest(url[,formdata,...])
```

FormRequest 类除了有 Request 的功能外，还提供一个 from_response()方法，具体如下所示：

```
from_response(response[,formname = None,formnumber = 0,formdata = None,
    formxpath = None,clickdata = None,dont_click = False,...])
```

各个参数对应的含义如下：
- response——是指包含 HTML 表单的 Response 对象。
- formname——提交的表单中 name 属性的值。
- formnumber——Response 对象包含的表单数量。
- formdata——要填写的表单数据。
- formxpath——使用与 XPath 匹配的第一个表单。
- clickdata——查找单击控件的属性。
- dont_click——若为 True,则表单数据将被提交。

在本项目中使用 FormRequest 类模拟用户登录。首先创建一个 githubspider 的 Scrapy 爬虫项目,如图 11.25 所示。

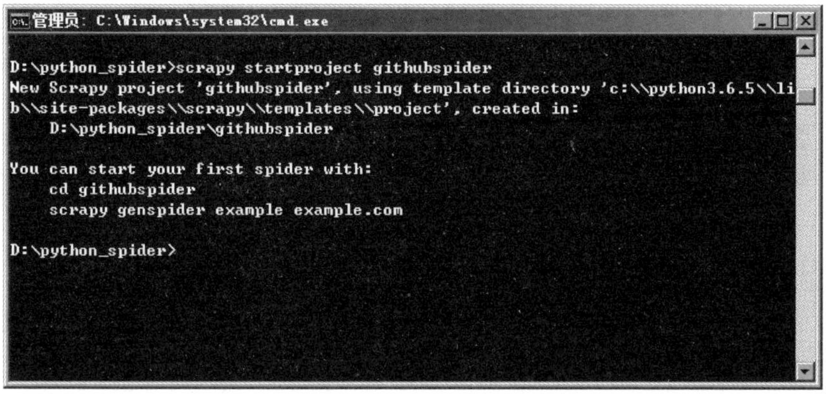

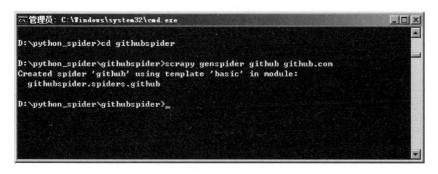

图 11.25　创建项目 githubspider

爬虫项目创建完成后,进入爬虫项目对应的文件夹,然后在爬虫项目下创建一个 github.py 爬虫文件,如图 11.26 所示。

图 11.26　创建爬虫文件 github.py

创建爬虫文件完成后,首先需要设置 settings.py 文件,将 ROBOTSTXT_OBEY 设置为 False 并且打开注释。

接下来开始编写爬虫文件 github.py 中的代码来模拟用户登录,具体代码如下所示：

```
import scrapy
from scrapy import FormRequest
```

```python
from scrapy.http import Request
class GithubSpider(scrapy.Spider):
    name = 'github'
    allowed_domains = ['github.com']
    start_urls = ['http://github.com/']
    headers = {
        'User-Agent': 'Mozilla/5.0 (Windows NT 6.1; Win64; x64; rv:61.0) \
                        Gecko/20100101 Firefox/61.0',
        'Accept': 'text/html,application/xhtml+xml,application/xml;q=0.9\
                    ,*/*;q=0.8',
        'Accept-Language':'zh-CN,zh;q=0.8,zh-TW;q=0.7,zh-HK;\
                            q=0.5,en-US;q=0.3,en;q=0.2',
        'Accept-Encoding': 'gzip,deflate,br',
        'Referer': 'https://github.com/',
        'Content-Type': 'application/x-www-form-urlencoded',
    }
    def start_requests(self):
        urls = ['https://github.com/login']
        for url in urls:
            #重写 start_requests 方法,通过 meta 传入特殊 key cookiejar,
            #爬取 url 作为参数传给回调函数
            yield Request(url, meta = {'cookiejar': 1},
                    callback = self.github_login)
    def github_login(self, response):
        #首先从源码中获取到 authenticity_token 的值
        authenticity_token = response.xpath(
                "//input[@name = 'authenticity_token']/@value").extract_first()
        self.logger.info('authenticity_token = ' + authenticity_token)
        #如果 dont_click 是 True,表单数据将被提交,而不需要单击任何元素.
        return FormRequest.from_response(response,
                url = 'https://github.com/session',
                meta = {'cookiejar': response.meta['cookiejar']},
                headers = self.headers,
                formdata = {'utf8': '?',
                    'authenticity_token': authenticity_token,
                    #设置账号与密码
                    'login': 'xxxxxx@163.com',
                    'password': 'xxxxxx'},
                callback = self.github_after,
                dont_click = True,)
    def github_after(self,response):
        #获取登录页面主页中的字符串'Browse activity'
        list = response.xpath(
                "//h3[@class = 'f5 flex-auto']/text()").extract()
        #如果含有字符串,则打印日志说明登录成功
        if 'Browse activity' in list:
            self.logger.info('登录成功,获取的关键字: Browse activity')
        else:
            self.logger.error('登录失败')
```

在上面的爬虫文件 github 中,主要通过 FormRequest.from_response()方法来模拟用户登录,注意在上述代码中要添加自己的账号与密码。在浏览器中登录 GitHub 成功后将

会看到如图 11.27 所示界面。

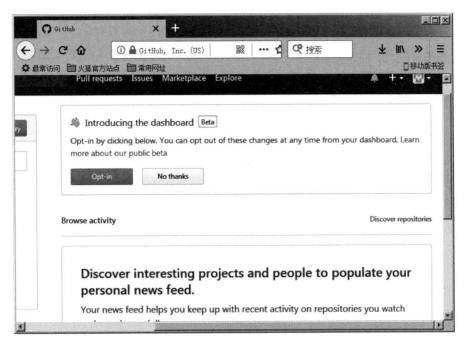

图 11.27　GitHub 登录成功后的界面

为验证本项目中模拟登录成功,将会在登录成功后的界面中获取到 Browse activity 字样,如图 11.27 所示。在如图 11.27 所示界面中按 F12 键打开调试界面,找到 Browse activity,将会看到如图 11.28 所示界面。

图 11.28　Browse activity 所在位置

在图 11.28 中将包含 Browse activity 的源码复制出来如下：

< h3 class = "f5 flex - auto"> Browse activity </h3 >

由此可得其 XPath 表达式如下：

//h3[@class = 'f5 flex - auto']/text()

编写爬虫文件完成后，就可以运行该爬虫实现功能。

11.3.4　项目实现

运行 Scrapy 指令启动爬虫，具体如下所示：

D:\python_spider\githubspider > scrapy crawl github

程序运行完后，日志结果如图 11.29 所示。

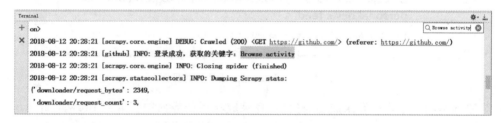

图 11.29　程序运行日志

在运行日志中搜索 Browse activity 关键字，将会看到"登录成功，获取的关键字：Browse activity"，说明模拟用户登录 GitHub 成功。

在本项目中，大家需要重点掌握 FormRequest 类的使用以及其 from_response() 方法的使用。

11.4　本章小结

通过本章的学习，大家应该掌握通过 Scrapy 框架爬虫实现对网页博客以及图片的爬取。注意，在爬取图片时使用 ImagesPipeline 类可以很方便地保存图片。在模拟用户登录项目中，首先理解 Scrapy 中 Request 类的工作流程，其次要掌握 FormRequest.from_response() 方法的使用。

11.5　习　　题

思考题

思考文章类项目中如何爬取整个博客站点中所有用户的文章信息。

第 12 章　分布式爬虫

本章学习目标
- 掌握爬取文章网站的爬虫开发。
- 掌握爬虫项目开发的流程实现。

在实际开发中,当要爬取的页面非常多时,单个主机的处理能力(无论是处理速度还是网络请求的并发数)往往不能满足开发需求,此时分布式爬虫的优势就显现出来,而常规的 Scrapy 框架对分布式爬虫并不支持。Scrapy-Redis 是一个基于 Redis 的 Scrapy 分布式组件,它对 Scrapy 中的关键代码进行重写,可使 Scrapy 框架支持分布式爬虫。本章将详细讲解分布式爬虫的原理以及使用 Scrapy-Redis 组件实现分布式爬虫。

12.1　简单分布式爬虫

在学习 Scrapy 分布式爬虫前,先介绍在分布式爬虫中的一些必备基础知识。

12.1.1　进程及进程间通信

在爬虫开发中,进程和线程的概念是非常重要的。提高爬虫的工作效率,打造分布式爬虫,都离不开进程和线程的身影。多线程的介绍及应用在第 4 章中已经讲解过,本节主要讲解进程的概念以及进程间如何通信。

1. 创建多进程

Python 实现多进程的方式主要有两种:一种方法是使用 os 模块中的 fork 方法,另一种是使用 multiprocessing 模块。这两种方法的区别在于前者仅适用于 UNIX/Linux 操作系统,对 Windows 并不支持,后者则是跨平台的实现方式。本书讲解主要是在 Windows 系统环境下进行,因此主要对第二种多进程实现方式进行讲解。

multiprocessing 模块提供了一个 Process 类来描述一个进程对象。使用 Process 类创建子进程时,只需传入一个执行函数和函数的参数,即可完成一个 Process 实例的创建,然后使用 start()方法启动进程,使用 join()方法实现进程间的同步。下面通过一个示例演示创建多进程的过程,具体代码如下所示:

```
import os
from multiprocessing import Process
def run_child_process(name):
    print("子进程 %s(%s) 正在运行" %(name, os.getpid()))
```

```python
if __name__ == '__main__':
    print("父进程是 %s" % os.getpid())
    for i in range(5):
        proc = Process(target = run_child_process, args = (str(i),))
        proc.start()    #子进程启动
    proc.join()
    print("所有子进程结束")
```

运行程序,结果如图 12.1 所示。

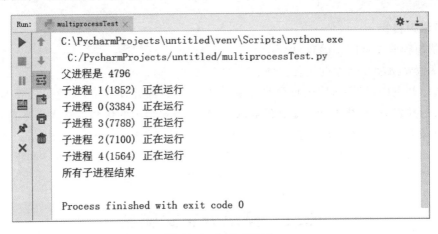

图 12.1 创建多进程

除了上述创建过程外,multiprocessing 模块还提供了一个 Pool 类(即进程池)来批量创建子进程。Pool 类提供了指定数量的进程供用户调用,当有新的请求提交到 Pool 中时,若进程池还没有满,则会创建一个新的进程来执行该请求;若进程池中的进程数已达到最大值,则该请求等待,直到池中有进程结束,才会创建新的进程来处理该请求。下面通过一个示例演示进程池创建多进程的工作过程。

```python
import os, time, random
from multiprocessing import Pool
def run_child_task(name):
    print("子进程 %s(pid = %s) 正在运行 " % (name, os.getpid()))
    time.sleep(random.random() * 3)
    print("子进程 %s 结束" % name)
if __name__ == '__main__':
    print("当前进程为 %s" % os.getpid())
    #创建容量为 3 的进程池
    p = Pool(processes = 3)
    #添加五个任务
    for i in range(5):
        p.apply_async(run_child_task, args = (i,))
    print("等待所有子进程运行完成")
    p.close()
    p.join()
    print("所有子进程运行完成")
```

运行程序,结果如图 12.2 所示。

图 12.2　使用进程池创建多进程

上述示例中创建了容量为 3 的进程池,即每次最多运行 3 个进程,依次向进程池中添加了 5 个任务。从图 12.2 可以看到,新的任务添加进来后,执行该任务的进程仍然是原来的进程,这一点从进程的 pid 中可以看出。进程池 Pool 对象调用 join() 方法会等待所有子进程执行完毕,调用 join() 方法前必须先调用 close() 方法,close() 方法不能继续添加新的进程。

2. 进程间通信

Python 提供了多种进程间通信方式,例如 Queue、Pipe、Value+Array 等。本节主要讲解 Queue 和 Pipe 两种方式的进程间通信。这两种通信方式的区别在于:Queue 用来在多个进程间实现通信,而 Pipe 常用于在两个进程间通信。

首先讲解 Queue 通信方式。Queue 是多进程安全的队列,可使用 Queue 实现多进程间的数据传递。Queue 操作中有两个方法很常用:put() 与 get()。

put() 方法用于向队列中插入数据,它有两个可选参数:blocked 和 timeout。若 blocked 为 True 且 timeout 为正值,则该方法阻塞 timeout 指定的时间,直到该队列有剩余的空间,若超时,则抛出 Queue.Full 异常。

get() 方法用于从队列读取并且删除一个元素。get() 方法同样有 blocked 和 timeout 两个可选参数,若 blocked 为 True,且 timeout 为正值,则在短时间内没有取出任何元素,将会抛出 Queue.Empty 异常。

下面通过一个示例演示使用 Queue 进行进程间通信,具体代码如下:

```
import os, time, random
from multiprocessing import Process, Queue
```

```python
#写进程要执行的代码
def writer_proc(q, urls):
    print("进程%s正在写入" % os.getpid())
    for url in urls:
        q.put(url)
        print("将%s写入queue" % url)
        time.sleep(random.random())
#读进程要执行的代码
def reader_proc(q):
    print("进程%s正在读取数据" % os.getpid())
    while True:
        url = q.get(True)
        print("从queue中读取到%s" % url)
if __name__ == '__main__':
    #父进程创建Queue并传给子进程
    q = Queue()
    proc_write1 = Process(target = writer_proc,
                          args = (q, ['url1', 'url2', 'url3']))
    proc_write2 = Process(target = writer_proc,
                          args = (q, ['url4', 'url5', 'url6']))
    proc_reader = Process(target = reader_proc, args = (q,))
    proc_write1.start()
    proc_write2.start()
    proc_reader.start()
    proc_write1.join()
    proc_write2.join()
    proc_reader.terminate()
```

运行程序结果如图12.3所示。

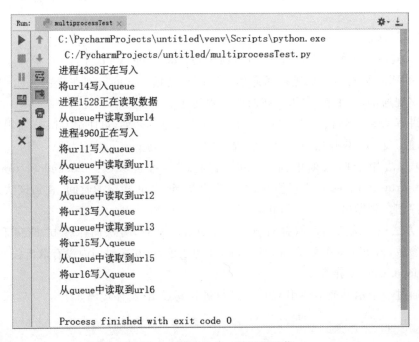

图12.3 使用Queue进程间通信

上述示例中使用 Process 类创建了 3 个子进程,其中两个子进程负责向 Queue 中写数据,一个进程负责从 Queue 中读取数据。

Pipe(管道)用于在两个进程间通信,两个进程分别位于管道的两端。Pipe 方法返回(conn1,conn2)代表管道的两端,方法中含有 duplex 参数,若 duplex 为 True,则该管道是全双工模式,即 conn1 与 conn2 均可收发数据。若 duplex 为 False,则 conn1 只负责接收消息,conn2 只负责发送消息,其中发送消息使用 send()方法,接收消息使用 recv()方法。

下面通过一个示例演示使用 Pipe 管道实现两个进程间通信,具体代码如下:

```python
import os, time, random
import multiprocessing
# 发送数据进程
def proc_send(pipe, urls):
    for url in urls:
        print("进程(%s)发送数据( --- %s)" % (os.getpid(), url))
        pipe.send(url)
        time.sleep(random.random())
# 接收数据进程
def proc_recv(pipe):
    while True:
        print("进程(%s)接收到数据( --- %s)" % (os.getpid(), pipe.recv()))
        time.sleep(random.random())
if __name__ == '__main__':
    pipe = multiprocessing.Pipe()
    p1 = multiprocessing.Process(target = proc_send, args = (pipe[0],
            ['url_' + str(i) for i in range(10)]))
    p2 = multiprocessing.Process(target = proc_recv, args = (pipe[1], ))
    p1.start()
    p2.start()
    p1.join()
    p2.join()
```

运行程序,结果如图 12.4 所示。

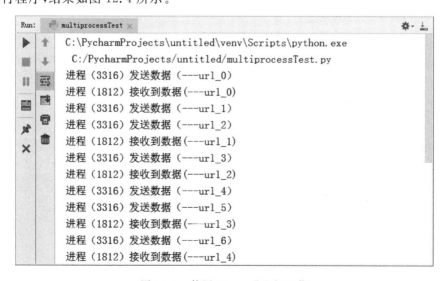

图 12.4　使用 Queue 进程间通信

上述示例中创建了两个进程：一个子进程通过 Pipe 发送数据，另一个子进程通过 Pipe 接收数据。

12.1.2 简单分布式爬虫结构

本节介绍一个主从模式的简单分布式爬虫：由一台主机作为控制节点，负责管理所有运行网络爬虫的主机，爬虫只需从控制节点接受任务，并把新生成任务提交给控制节点即可，在这个过程中不必与其他爬虫通信，这种方式实现简单、便于管理。控制节点负责与所有爬虫进行通信，因此控制节点会成为整个爬虫系统的瓶颈，容易导致整个分布式网络爬虫系统性能下降。主从模式爬虫结构如图 12.5 所示。

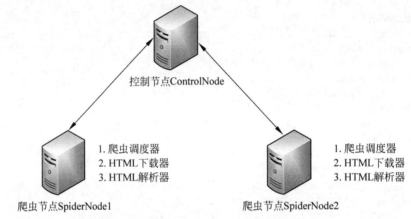

图 12.5　主从模式爬虫结构

图 12.5 中控制节点主要分为 URL 管理器、数据存储器和控制调度器，其中控制调度器通过 3 个进程协调 URL 管理器和数据存储器：一个进程负责管理 URL 以及将 URL 传递给爬虫节点，称为 URL 管理进程；一个进程负责读取爬虫节点返回的数据，将读取数据中的 URL 交给 URL 管理进程，将需要存储的数据交给数据存储进程，称为数据提取进程；一个进程负责将数据提取进程中提交的数据进行本地存储，称为数据存储进程。控制节点的执行过程如图 12.6 所示。

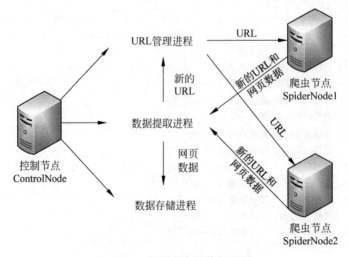

图 12.6　控制节点的执行过程

控制节点中最关键的部分是控制调度器,而爬虫节点中最重要的是爬虫调度器,下面详细介绍这两种调度器。

12.1.3 控制节点

控制调度器主要是产生并启动 URL 管理进程、数据提取进程和数据存储进程,同时维护 4 个队列以保持这 3 个进程间的通信,分别为 url_queue、result_queue、conn_queue 和 store_queue。4 个队列说明如下:

- url_queue 队列是 URL 管理进程将 URL 传递给爬虫节点的通道。
- result_queue 队列是爬虫节点将数据返回给数据提取进程的通道。
- conn_queue 队列是数据提取进程将新的 URL 数据提交给 URL 管理进程的通道。
- store_queue 队列是数据提取进程将获取到的数据交给数据存储进程的通道。

在创建好的 4 个队列中,url_queue 与 result_queue 是控制节点与爬虫节点通信的队列,因此在控制节点中需要将这两个队列在网络上注册,暴露给其他主机(即爬虫节点)使用。此时就需要创建一个分布式管理器,在该分布式管理器中除了创建 3 个进程以外,最主要的部分就是与爬虫节点通信,实现通信功能的代码如下:

```
from multiprocessing.managers import BaseManager
def start_Manager(self, url_q, result_q):
    #在网络上注册两个管理队列,callable 参数关联了 Queue 对象,可将其暴露在网络中
    BaseManager.register('get_url_queue', callable = lambda:url_q)
    BaseManager.register('get_result_queue', callable = lambda:result_q)
    #绑定端口 port,设置验证口令'xxx',相当于对象的初始化
    manager = BaseManager(address = ('host', port), authkey = 'xxx')
    return manager
```

在控制节点中将两个管理队列暴露出来后,在爬虫节点中根据端口和验证口令获取到 BaseManager 对象后,即可获取网络中注册的 Queue。

12.1.4 爬虫节点

爬虫节点中最重要的部分则是爬虫调度器。爬虫节点的执行流程为:

(1) 爬虫调度器从控制节点中的 url_queue 队列读取 URL。

(2) 爬虫调度器调用 HTML 下载器、HTML 解析器获取网页中新的 URL 和标题摘要。

(3) 爬虫调度器将新的 URL 和标题摘要传入 result_queue 队列交给控制节点。

HTML 下载器与 HTML 解析器相信大家早已熟悉,这里重点介绍爬虫调度器的实现。爬虫调度器需要用到分布式进程中工作进程的代码,首先使用 BaseManager 获取控制节点在网络中注册的 Queue 的方法名称,接着根据设置的端口和验证口令连接控制节点中的服务器,具体实现代码如下:

```
from multiprocessing.managers import BaseManager
class SpiderWork(object):
```

```python
    def __init__(self):
        #实现第一步:使用 BaseManager 注册获取 Queue 的方法名称
        BaseManager.register('get_url_queue')
        BaseManager.register('get_result_queue')
        #实现第二步:连接到服务器
        #注意端口和验证口令保持与控制节点中设置的完全一致
        manager = BaseManager(address = ('host', port), authkey = 'xxx')
        #从网络连接
        manager.connect()
        #实现第三步:获取 Queue 的对象
        self.task = manager.get_url_queue()
        self.result = manager.get_result_queue()
        #初始化网页下载器和解析器
        self.downloader = HtmlDownloader()
        self.parser = HtmlParser()
```

简单分布式爬虫中最关键的代码已介绍完,现在梳理一下实现流程:

分布式爬虫需要在多台主机之间进行通信,可通过 Python 中的 multiprocessing 模块来实现该功能,该模块中有一个 managers 子模块支持把多进程分布到多台机器上,主从机之间通过任务队列进行联系,具体实现过程如下:

(1) 需要设置几个队列,分别是任务队列 url_queue、结果队列 result_queue、结果处理队列 conn_queue、数据存储队列 store_queue。

(2) 将上面创建的队列(主要是任务队列和结果队列)在网络上注册,以便其他主机能够在网络上发现它们,注册后获得网络队列,相当于本地队列的映像。

(3) 创建一个 Basemanager 的实例 manager,并绑定端口和验证口令。

(4) 启动 manager 实例,监管信息通道。

(5) 通过 manager 实例中的方法获得网络访问的 Queue 对象,即把网络队列实体化为可用的本地队列。

(6) 创建任务到本地队列,自动上传至网络队列,分配给网络上的其他主机进行处理。

本节介绍的简单分布式爬虫结构主要是帮助大家掌握多进程的实现,同时让大家了解分布式并不是多么神秘。分布式爬虫中的难点在于节点的调度,什么样的结构能让各个节点稳定高效地运行才是分布式爬虫要考虑的核心内容。

12.2 Scrapy 与分布式爬虫

在 Scrapy 中 scheduler 运行在队列中,而队列存在于单机内存中,在服务器中爬虫是无法利用内存中的队列做任何处理的,因此 Scrapy 并不支持分布式。在 Scrapy 中实现分布式需要使用 Redis 作为消息队列,通过安装 scrapy-redis 组件即可实现。

12.2.1 Scrapy 中集成 Redis

安装 scrapy-redis 组件最简便的方式就是使用 pip 命令,具体安装命令如下:

```
pip install scrapy-redis
```

安装完成后,还需要在具体的 Scrapy 项目中配置才能使用,在 settings 配置文件中配置如下字段:

```
# 使用 scrapy-redis 的调度器
SCHEDULER = "scrapy-redis.scheduler.Scheduler"
# 在 redis 中保持 scrapy-redis 用到的各个队列,从而暂停和暂停后恢复
SCHEDULER_PERSIST = True
# 使用 scrapy-redis 的去重方式
DUPEFILTER_CLASS = "scrapy-redis.dupefilter.RFPDupeFilter"
# 使用 scrapy-redis 的存储方式
ITEM_PIPELINES = {
    'scrapy-redis.pipelines.RedisPipeline': 300,
}
# 定义 Redis 的 IP 和端口
REDIS_HOST = '127.0.0.1'
REDIS_PORT = 6379
```

原框架 Scrapy 中 scheduler 维护的是本机的任务队列(存放 Request 对象及其回调函数等信息)和本机的去重队列(存放访问过的 URL 地址),因此实现分布式爬取的关键,找一台专门的主机运行一个共享的队列(比如 Redis),然后重写 Scrapy 中的 scheduler 组件,让新的 scheduler 从共享队列中存取 Request,并且去除重复的 Request 请求,因此实现分布式的关键就是 3 点:

(1) 共享队列。
(2) 重写 scheduler,让其无论是去重还是任务都去访问共享队列。
(3) 为 scheduler 定制去重规则(利用 Redis 的集合类型)。

上述 3 点就是 scrapy-redis 组件的核心功能,如图 12.7 所示。

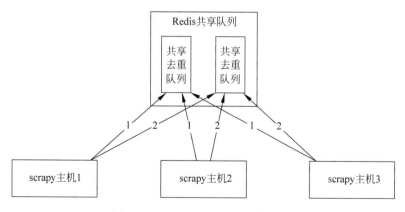

图 12.7 scrapy-redis 组件功能展示

12.2.2 MongoDB 集群

在分布式爬虫中,集群的存在能在很大程度上提高系统的稳定性。当 MongoDB 存储

服务器宕机时，整个爬虫系统将立即瘫痪，为避免这种情况，可以使用多个MongoDB存储节点，当主节点异常，从节点可立刻替代，从而保证系统的稳定性。下面通过讲解MongoDB副本集的形式来搭建主从集群。

在副本集工作模式中，应用服务器与主节点之间进行读写操作，主节点将数据实时同步到从节点，主节点与从节点之间通过心跳检测的方式进行沟通，判断是否存活。如果主节点突然出现故障，多个从节点间会通过仲裁的方式决定哪个从节点作为新的主节点。

下面使用副本集的方式搭建MongoDB集群，通过在一台主机上开启3个不同的端口，来模拟使用3台主机搭建集群。选择127.0.0.1:27017作为主节点，127.0.0.1:27018和127.0.0.1:27019作为从节点，并且新建三个不同的文件夹用作数据存储，注意每个文件夹中都要创建一个空的data文件夹。本节中的3个新文件夹分别为D:\mongodb\data、D:\mongodb_slave1\data和D:\mongodb_slave2\data，打开3个命令行窗口分别启动3个不同的mongodb服务，具体命令如下所示：

```
mongod -- dbpath D:\mongodb\data -- replSet repset
mongod -- dbpath D:\mongodb_slave1\data -- port 27018 -- replSet repset
mongod -- dbpath D:\mongodb_slave2\data -- port 27019 -- replSet repset
```

3个服务启动成功后，需要初始化副本集。登录主节点，另开一个命令行窗口用于配置这3个节点，使用admin数据库，具体命令如下：

```
use admin
```

在admin中输入如下内容：

```
config = {_id:"repset", members:[
    {_id:0,host:"127.0.0.1:27017"},
    {_id:1,host:"127.0.0.1:27018"},
    {_id:2, host:"127.0.0.1:27019"}]}
```

注意上述内容中_id:"repset"与启动MongoDB命令参数--replSet repset保持一致。最后输入如下命令完成初始化配置：

```
rs.initiate(config);
```

按回车键后，如图12.8所示。

输入rs.status()用于查询节点信息，如图12.9所示。

从图12.9中可以看到，name为"127.0.0.1:27017"的主机的状态stateStr为PRIMARY，剩余两个主机状态为SECONDARY。初始化完成后，现在测试一下主从节点是否会自动同步，测试方法为在主节点中创建testSlave数据库，并在testSlave中写入数据，过程如图12.10所示。

在主节点中创建数据库testSlave并写入一条数据后，关闭主节点。使用如下命令登录从节点：

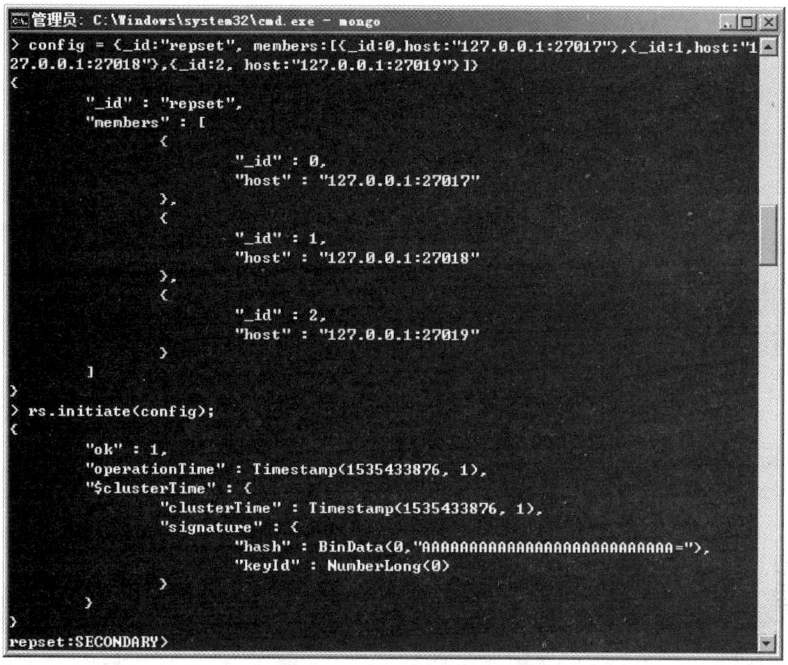

图 12.8 初始化副本集

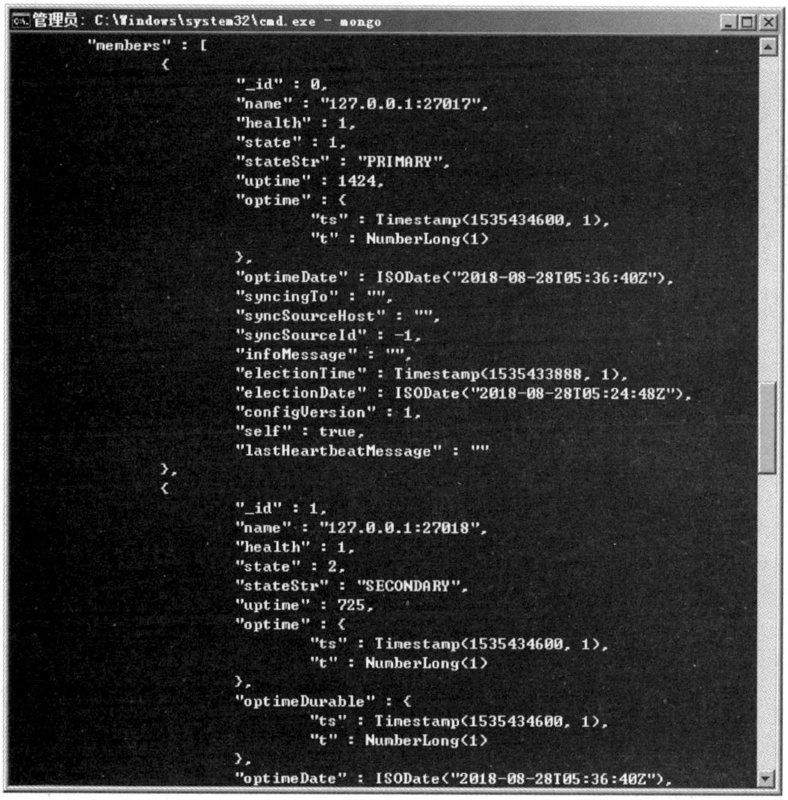

图 12.9 查询节点信息

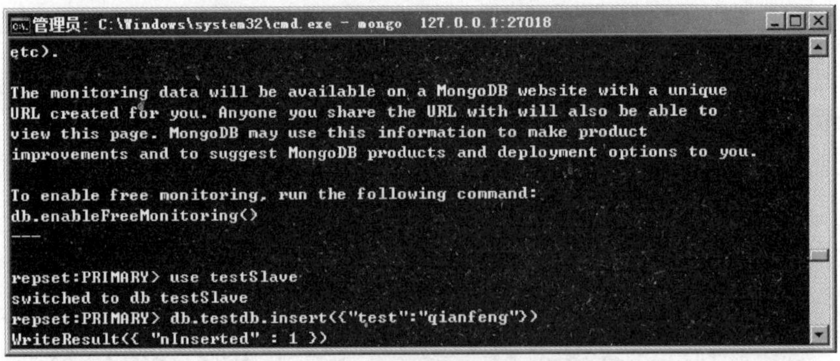

图 12.10 在主节点中创建数据库

```
mongo 127.0.0.1:27018
```

登录成功后,读取 testSlave 中的内容时会报错,如图 12.11 所示。

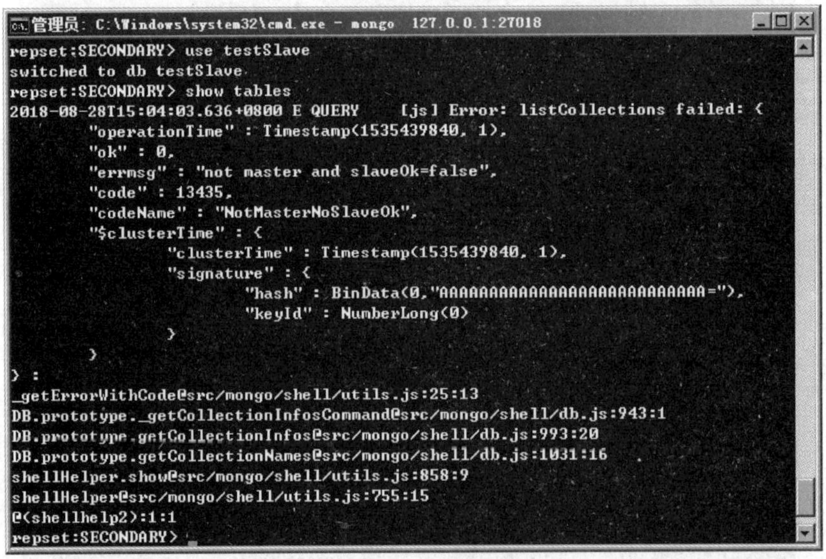

图 12.11 在从节点中读取数据(一)

错误原因是因为 SECONDARY 默认不可读,因此需要在从节点中设置可读。设置命令如下:

```
db.getMongo().setSlaveOk();
```

设置好后就可以进行读操作了,如图 12.12 所示。

从图 12.12 中可以看到已经从从节点中读取到数据,说明数据已经同步到从节点。

主从节点的数据同步后,还要测试发生故障时主从节点能否完成角色切换。现在强制关闭主节点 master,看两个从节点中是否有一个能变成主节点。强制关闭主节点后使用 rs.status() 命令查看节点状态,如图 12.13 所示。

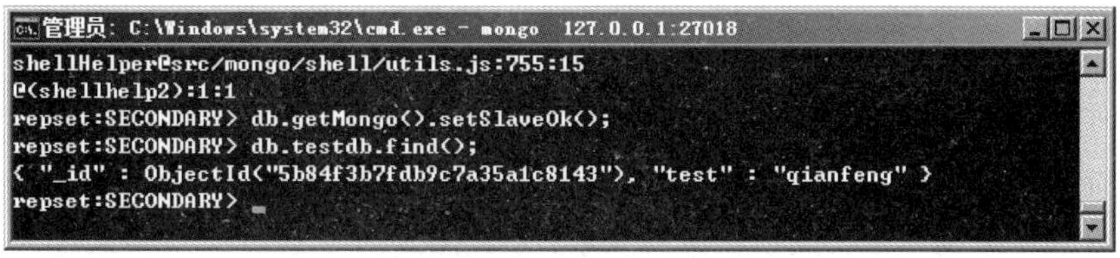

图 12.12　在从节点中读取数据(二)

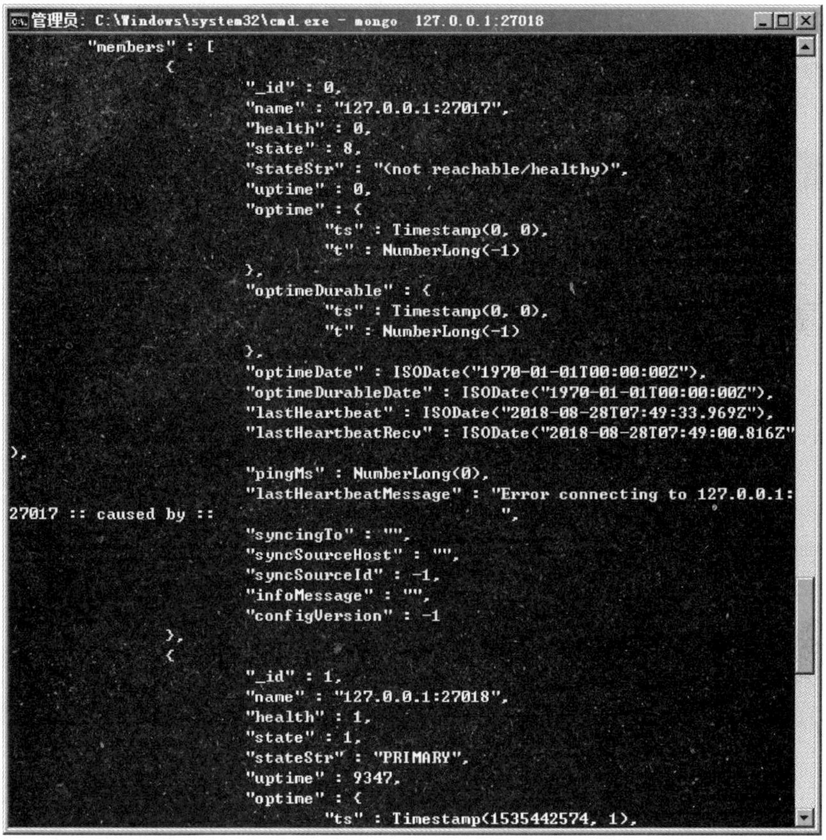

图 12.13　主从切换

从图 12.13 中可以看出,原来的主节点 127.0.0.1:27017 状态已经变为"(not reachable/healthy)",原来的从节点 127.0.0.1:27018 状态变为 PRIMARY。这说明当主节点发生故障后,从节点可替换为主节点使用。

至此,搭建 MongoDB 集群的过程已经完成,可在程序中访问该副本集,访问过程很简单,具体如下所示:

```
from pymongo import MongoClient
client = MongoClient("mongodb://127.0.0.1:27017, 127.0.0.1:27018,
    127.0.0.1:27019", replicaset = 'repset')
```

12.3　Scrapy 分布式爬虫实战

通过前面讲解的分布式爬虫以及如何搭建 Scrapy 分布式爬虫,相信大家对分布式爬虫不再陌生,本节将通过一个实战项目帮助大家更好地理解并掌握分布式爬虫。

12.3.1　创建爬虫

本次项目的主题是爬取云起书院网站(http://yunqi.qq.com/bk)的小说数据,包括小说的名称、作者、分类、状态、更新时间、字数、点击量、人气以及推荐等数据。打开该网站,如图 12.14 所示。

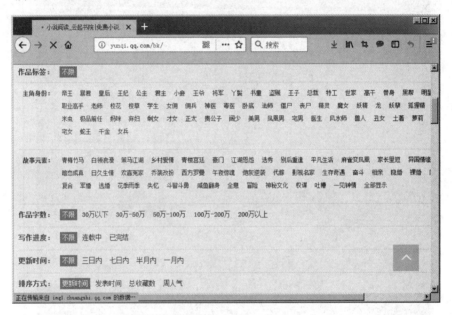

图 12.14　云起书院网站

在爬取网站中可找到每本书的名称、作者、分类、状态、更新时间以及字数等信息,同时将页面滑到底部,可以看到翻页的按钮。选择一部小说点击进去,可以看到小说详情页,在该页面中可以找到点击量、人气和推荐等数据。

相信大家对爬取目标网站进行分析的过程已经很熟悉,分析完成后开始进行项目的编写。首先创建项目,创建过程如图 12.15 所示。

图 12.15 中创建了一个名为 novelCrawl 的爬虫项目,并创建了名为 bookspider 的爬虫文件。

12.3.2　定义 Item

项目创建完成后,首先定义 Item 文件内容,确定要提取的结构化数据。本项目中主要定义两个 Item:一个负责装载小说基本信息,另外一个负责装载小说热度信息。具体代码如下:

```
管理员: C:\Windows\system32\cmd.exe

D:\DistributedCrawler>scrapy startproject novelCrawl
New Scrapy project 'novelCrawl', using template directory 'c:\\python3.6.5\\lib\
\site-packages\\scrapy\\templates\\project', created in:
    D:\DistributedCrawler\novelCrawl

You can start your first spider with:
    cd novelCrawl
    scrapy genspider example example.com

D:\DistributedCrawler>cd novelCrawl

D:\DistributedCrawler\novelCrawl>scrapy genspider -t crawl bookspider yunqi.qq.c
om
Created spider 'bookspider' using template 'crawl' in module:
  novelCrawl.spiders.bookspider

D:\DistributedCrawler\novelCrawl>_
```

图 12.15　创建爬虫项目

```python
import scrapy
class YunqiBookListItem(scrapy.Item):
    novelId = scrapy.Field()
    #小说名称
    novelName = scrapy.Field()
    #小说链接
    novelLink = scrapy.Field()
    #小说作者
    novelAuthor = scrapy.Field()
    #小说类型
    novelType = scrapy.Field()
    #小说更新状态
    novelStatus = scrapy.Field()
    #小说更新时间
    novelUpdateTime = scrapy.Field()
    #小说字数
    novelWords = scrapy.Field()
    #小说封面
    novelImageUrl = scrapy.Field()
class YunqiBookDetailItem(scrapy.Item):
    novelId = scrapy.Field()
    #小说标签
    novelLabel = scrapy.Field()
    #小说点击量
    novelAllClick = scrapy.Field()
    #周单击量
    novelWeekClick = scrapy.Field()
    #月点击量
    novelMonthClick = scrapy.Field()
    #总人气
    novelAllPopular = scrapy.Field()
    #月人气
    novelMonthPopular = scrapy.Field()
```

```
    # 周人气
    novelWeekPopular = scrapy.Field()
    # 小说评论数
    novelCommentNum = scrapy.Field()
    # 小说总推荐数
    novelAllComm = scrapy.Field()
    # 小说月推荐数
    novelMonthComm = scrapy.Field()
    # 小说周推荐数
    novelWeekComm = scrapy.Field()
```

12.3.3 爬虫模块

爬虫文件 bookspider 在创建爬虫项目时已经创建完成,下面开始进行页面的解析,主要包含两个方法:parse_book_list()方法用于解析小说列表数据,抽取小说的基本信息;parse_book_detail()方法用于解析小说详情页中数据,包括点击量和人气等数据。对于翻页链接的抽取,则是在 rules 中定义抽取规则,翻页链接基本符合"/bk/so2/n30p\d+"的形式。下面展示 bookspider 的完整代码。

```
class BookspiderSpider(CrawlSpider):
    name = 'yunqi.qq.com'
    allowed_domains = ['yunqi.qq.com']
    start_urls = ['http://yunqi.qq.com/bk/so2/n30p1']
    rules = (
        Rule(LinkExtractor(allow = r'/bk/so2/n30p\d+'),
callback = 'parse_book_list', follow = True),)
    def parse_book_list(self, response):
        books = response.xpath(".//div[@class = 'book']")
        for book in books:
            novelImageUrl = book.xpath("./a/img/@src").extract_first()
            novelId = book.xpath("./div[@class = 'book_info']/h3/a/@id")
.extract_first()
            novelName = book.xpath("./div[@class = 'book_info']/h3/a/
text()").extract_first()
            novelLink = book.xpath("./div[@class = 'book_info']/h3/a/
@href").extract_first()
            novelInfos = book.xpath("./div[@class = 'book_info']/dl/
dd[@class = 'w_auth']")
            if len(novelInfos) > 4:
                novelAuthor = novelInfos[0].xpath('./a/text()')
.extract_first()
                novelType = novelInfos[1].xpath('./a/text()')
.extract_first()
                novelStatus = novelInfos[2].xpath('./text()')
.extract_first()
                novelUpdateTime = novelInfos[3].xpath('./text()')
.extract_first()
```

```
                novelWords = novelInfos[4].xpath('./text()')
.extract_first()
            else:
                novelAuthor = ''
                novelType = ''
                novelStatus = ''
                novelUpdateTime = ''
                novelWords = 0
            bookListItem = YunqiBookListItem(novelId = novelId,
novelName = novelName, novelLink = novelLink,
                        novelAuthor = novelAuthor, novelType = novelType,
novelStatus = novelStatus, novelUpdateTime = novelUpdateTime,
novelWords = novelWords, novelImageUrl = novelImageUrl)
            yield bookListItem
            request = scrapy.Request(url = novelLink,
callback = self.parse_book_detail)
            request.meta['novelId'] = novelId
            yield request
    def parse_book_detail(self, response):
        novelId = response.meta['novelId']
        novelLabel = response.xpath("//div[@class = 'tags']/text()")
.extract_first()
        novelAllClick = response.xpath(".//*[@id = 'novelInfo']/table/tr[2]
/td[1]/text()").extract_first()
        novelAllPopular = response.xpath(".//*[@id = 'novelInfo']/table/
tr[2]/td[2]/text()").extract_first()
        novelAllComm = response.xpath(".//*[@id = 'novelInfo']/table/tr[2]
/td[3]/text()").extract_first()
        novelMonthClick = response.xpath(".//*[@id = 'novelInfo']/table/
tr[3]/td[1]/text()").extract_first()
        novelMonthPopular = response.xpath(".//*[@id = 'novelInfo']/table/
tr[3]/td[2]/text()").extract_first()
        novelMonthComm = response.xpath(".//*[@id = 'novelInfo']/table
/tr[3]/td[3]/text()").extract_first()
        novelWeekClick = response.xpath(".//*[@id = 'novelInfo']/table/
tr[4]/td[1]/text()").extract_first()
        novelWeekPopular = response.xpath(".//*[@id = 'novelInfo']/table/
tr[4]/td[2]/text()").extract_first()
        novelWeekComm = response.xpath(".//*[@id = 'novelInfo']/table/tr[4]
/td[3]/text()").extract_first()
        novelCommentNum = response.xpath(
".//*[@id = 'novelInfo_commentCount']/text()").extract_first()
        bookDetailItem = YunqiBookDetailItem(novelId = novelId,
novelLabel = novelLabel, novelAllClick = novelAllClick,
novelAllPopular = novelAllPopular,
novelAllComm = novelAllComm,
                novelMonthClick = novelMonthClick,
novelMonthPopular = novelMonthPopular,
                novelMonthComm = novelMonthComm,
```

```
        novelWeekClick = novelWeekClick,
                 novelWeekPopular = novelWeekPopular,
        novelWeekComm = novelWeekComm,
                 novelCommentNum = novelCommentNum)
            yield bookDetailItem
```

在上述爬虫文件中对页面的抽取不做注释，抽取规则可在源码中获得，相信学习到现在大家对页面的抽取已经很熟悉。

12.3.4 编写 Pipeline

编写完成爬虫文件后，对数据的抽取已经完成，接下来需要编写管道文件 Pipeline 对数据进行存储。本项目中将数据存储到 MongoDB 中，分成两个集合进行存储，并使用 12.3.3 节中搭建的 MongoDB 集群。pipelines.py 具体代码如下：

```python
class NovelcrawlPipeline(object):
    def __init__(self, mongo_uri, mongo_db, replicaset):
        self.mongo_uri = mongo_uri
        self.mongo_db = mongo_db
        self.replicaset = replicaset
    @classmethod
    def from_crawler(cls, crawler):
        return cls(mongo_uri = crawler.settings.get('MONGO_URI'),
                   mongo_db = crawler.settings.get('MONGO_DATABASES', 'yunqi'),
                   replicaset = crawler.settings.get('REPLICASET'))
    def open_spider(self, spider):
        self.client = pymongo.MongoClient(self.mongo_uri, replicaset = self.replicaset)
        self.db = self.client[self.mongo_db]
    def close_spider(self, spider):
        self.client.close()
    def process_item(self, self, item, spider):
        if isinstance(item, YunqiBookListItem):
            self._process_booklist_item(item)
        else:
            self._process_bookDetail_item(item)
        return item
    #处理小说信息
    def _process_booklist_item(self, item):
        self.db.bookInfo.insert(dict(item))
    #处理小说热度
    def _process_bookDetail_item(self, item):
        #对数据进行清洗，提取数字
        pattern = re.compile('\d+')
        #去掉空格和换行
        item['novelLabel'] = item['novelLabel'].strip().replace('\n','')
        match = pattern.search(item['novelAllClick'])
```

```
            item['novelAllClick'] = match.group() if match else
item['novelAllClick']
            match = pattern.search(item['novelMonthClick'])
            item['novelMonthClick'] = match.group() if match else
item['novelMonthClick']
            match = pattern.search(item['novelWeekClick'])
            item['novelWeekClick'] = match.group() if match else
item['novelWeekClick']
            match = pattern.search(item['novelAllPopular'])
            item['novelAllPopular'] = match.group() if match else
item['novelAllPopular']
            match = pattern.search(item['novelMonthPopular'])
            item['novelMonthPopular'] = match.group() if match else
item['novelMonthPopular']
            match = pattern.search(item['novelWeekPopular'])
            item['novelWeekPopular'] = match.group() if match else
item['novelWeekPopular']
            match = pattern.search(item['novelAllComm'])
            item['novelAllComm'] = match.group() if match else
item['novelAllComm']
            match = pattern.search(item['novelMonthComm'])
            item['novelMonthComm'] = match.group() if match else
item['novelMonthComm']
            match = pattern.search(item['novelWeekComm'])
            item['novelWeekComm'] = match.group() if match else
item['novelWeekComm']
            self.db.bookhot.insert(dict(item))
```

编写完成后,需要在配置文件 settings.py 中激活 Pipeline,配置如下:

```
ITEM_PIPELINES = {
   'novelCrawl.pipelines.NovelcrawlPipeline': 300,
}
```

12.3.5 修改 Settings

在配置文件中除了激活 Pipeline 管道文件外,还要考虑反爬虫机制。本项目中主要采用以下几个措施避免爬虫被发现。

1. 仿造随机 User-Agent

在中间件文件 middlewares.py 中定义随机类 RandomUserAgent,具体代码如下:

```
class RandomUserAgent(object):
    def __init__(self, agents):
        self.agents = agents
    @classmethod
    def from_crawler(cls, crawler):
        return cls(crawler.settings.getlist('USER_AGENTS'))
```

```
    def process_request(self, request, spider):
        request.headers.setdefault('User-Agent',
random.choice(self.agents))
```

配置好后要在 settings.py 配置文件中定义 USER_AGENTS,限于篇幅,仅展示几个:

```
USER_AGENTS = [
"Mozilla/4.0 (compatible; MSIE 6.0; Windows NT 5.1; SV1; AcooBrowser; .NET CLR 1.1.4322; .NET CLR 2.0.50727)",
"Mozilla/4.0 (compatible; MSIE 7.0; Windows NT 6.0; Acoo Browser; SLCC1; .NET CLR 2.0.50727; Media Center PC 5.0; .NET CLR 3.0.04506)",
"Mozilla/4.0 (compatible; MSIE 7.0; AOL 9.5; AOLBuild 4337.35; Windows NT 5.1; .NET CLR 1.1.4322; .NET CLR 2.0.50727)",
……
"Mozilla/5.0 (iPad; U; CPU OS 4_2_1 like Mac OS X; zh-cn) AppleWebKit/533.17.9 (KHTML, like Gecko) Version/5.0.2 Mobile/8C148 Safari/6533.18.5",
"Mozilla/5.0 (Windows NT 6.1; Win64; x64; rv:2.0b13pre) Gecko/20110307 Firefox/4.0b13pre",
"Mozilla/5.0 (X11; Ubuntu; Linux x86_64; rv:16.0) Gecko/20100101 Firefox/16.0",
"Mozilla/5.0 (Windows NT 6.1; WOW64) AppleWebKit/537.11 (KHTML, like Gecko) Chrome/23.0.1271.64 Safari/537.11",
"Mozilla/5.0 (X11; U; Linux x86_64; zh-CN; rv:1.9.2.10) Gecko/20100922 Ubuntu/10.10 (maverick) Firefox/3.6.10",
"Mozilla/5.0 (Windows NT 10.0; Win64; x64) AppleWebKit/537.36 (KHTML, like Gecko) Chrome/58.0.3029.110 Safari/537.36",
]
```

启用该中间件,配置如下:

```
DOWNLOADER_MIDDLEWARES = {
    'novelCrawl.middlewares.RandomUserAgent': 543,
    'scrapy.downloadermiddlewares.useragent.UserAgentMiddleware': None
}
```

2. 自动配置限速

```
DOWNLOAD_DELAY = 2
AUTOTHROTTLE_ENABLED = True
AUTOTHROTTLE_START_DELAY = 5
AUTOTHROTTLE_MAX_DELAY = 60
```

3. 禁用 Cookie

```
COOKIES_ENABLED = False
```

还可使用代理 IP 的方式进一步应对反爬虫机制,这一步留给大家自行发挥。

还差最后一个步骤该分布式爬虫即可完成,就是要在配置文件中使用 Scrapy-Redis 组件。具体配置代码如下:

```
# 使用 scrapy_redis 的调度器
SCHEDULER = "scrapy_redis.scheduler.Scheduler"
# 在 redis 中保持 scrapy-redis 用到的各个队列,从而暂停和暂停后恢复
SCHEDULER_PERSIST = True
# 使用 scrapy_redis 的去重方式
DUPEFILTER_CLASS = "scrapy_redis.dupefilter.RFPDupeFilter"
REDIS_HOST = '127.0.0.1'
REDIS_PORT = 6379
```

经过上述步骤后,一个分布式爬虫已经搭建完成。若在远程服务器上使用,直接修改 REDIS_HOST 与 REDIS_PORT 即可。

12.3.6 运行项目

使用命令运行本项目,运行后查看 MongoDB 中名为 yunqi 的数据库,如图 12.16 所示。

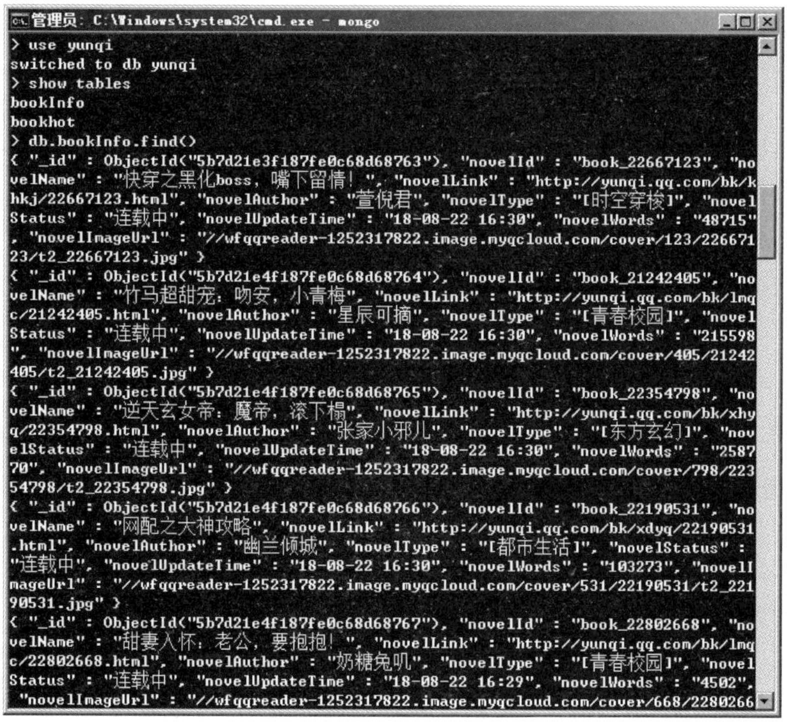

图 12.16 创建爬虫项目

图 12.16 中通过查询数据库 yunqi 中小说信息的数据,查询结果与网站中显示结果一致,限于篇幅这里没有全部贴出查询结果。至此本项目结束。

12.4 去重优化

使用 Scrapy 框架时很消耗内存,其中很关键的原因就是它的去重任务放在内存中。去重优化需要考虑 3 个问题。

（1）去重的速度：为了保证较高的去重速度，一般是将去重任务放到内存中来实现。例如Python内置的set()方法，Redis的set数据结构。但当数据量变得非常大，达到千万级亿级时，由于内存的限制，需要用"位"(bit)来去重。

（2）去重的数据量大小：当数据量较大时，可使用不同的加密算法，压缩算法（例如md5，hash）等，将长字符串压缩成16/32长度的短字符串，然后再使用set等方式来去重。

（3）持久化存储：Scrapy默认是开启去重的，而且提供了续爬设计，在爬虫终止时，会使用一个状态文件记录爬取过的request和状态。Scrapy-Redis将去重队列放到Redis中，而Redis可以提供持久化存储。

因此，对于Scrapy-Redis分布式爬虫来说，使用Bloomfilter来优化，必然会遇到两个问题：

第一，让Bloomfilter能持久化存储。

第二，对于Scrapy-Redis分布式爬虫来说，爬虫分布在几台不同的计算机上，而Bloomfilter是基于内存的，如何让各个不同的爬虫计算机能够共享到同一个Bloomfilter，来达到统一去重？

解决这两个问题的方法很简单，使用Bloomfilter过滤器并将其挂载到Redis上。Bloomfilter是一种空间效率很高的随机数据结构，它将去重任务由字符串直接转到bit位上，大大降低了内存占有率。并将去重对象映射到几个内存"位"中，通过几个位的0/1值来判断一个对象是否已经存在。Bloomfilter运行在一台计算机的内存上，并不方便持久化，爬虫一旦终止，数据将丢失，而将其挂在到Redis上将很好地解决这个问题。

本节只介绍了去重优化的原理及应用，关于Bloomfilter的实现原理以及如何挂载到Redis本书不做介绍，感兴趣的读者可以查找资料深入学习。

12.5 本章小结

通过本章的学习，大家应该掌握通过简单分布式爬虫结构以及Scrapy构建分布式爬虫的步骤，对于集群的搭建以及去重优化的原理大家也要掌握，这在工作面试中会是一个加分项。学习完本章，大家需动手练习，务必掌握本项目的实现原理和过程。

12.6 习 题

思考题

思考在分布式爬虫项目中如何优化去重。

图书资源支持

感谢您一直以来对清华版图书的支持和爱护。为了配合本书的使用,本书提供配套的资源,有需求的读者请扫描下方的"书圈"微信公众号二维码,在图书专区下载,也可以拨打电话或发送电子邮件咨询。

如果您在使用本书的过程中遇到了什么问题,或者有相关图书出版计划,也请您发邮件告诉我们,以便我们更好地为您服务。

我们的联系方式:

地　　址: 北京市海淀区双清路学研大厦 A 座 701

邮　　编: 100084

电　　话: 010-62770175-4608

资源下载: http://www.tup.com.cn

客服邮箱: tupjsj@vip.163.com

QQ: 2301891038(请写明您的单位和姓名)

用微信扫一扫右边的二维码,即可关注清华大学出版社公众号"书圈"。

书圈

扫一扫,获取最新目录